驚くべきCIAの世論操作

ニコラス・スカウ
Nicholas Schou

伊藤 真 訳

インターナショナル新書 027

チャールズ・ボウデンとゲイリー・ウェッブへ捧ぐ

日本語版へのまえがき

私は今、本書《原題 *Spooked: How the CIA Manipulates the Media and Hoodwinks Hollywood*》の日本語版へのまえがきを書いていることをとても光栄に感じている。私は三〇年近く前に大学で日本語を学んだが、自分の著書がその日本語で出版される日が来るとは夢にも思っていなかった。それだけに、掛け値なしに心から誇らしく思う！　本書がアメリカで出版されたのは二〇一六年六月、アメリカは歴史的な大統領選挙へと突き進んでいた。一匹オオカミの候補者ドナルド・J・トランプがアメリカの政界に激震をもたらし、伝統的であまり想定外のことが起きない二大政党を中心とした選挙による政治から、根本的に異なる新しい政治への巨大な転換が起きていた。その一連の過程は政界の再編と経済的・社会的混乱をもたらし、それはいまだに収束していない。

「フェイク・ニュース」や「ディープ・ステート」（国家内国家、闇の国家）といった用語は今ではすっかりおなじみになってしまった。だが本書の出版当時は、共和党の反乱分子とも言うべきトランプが大統領候補になったために、それらの用語はようやくアメリカ内外のメディアに登場し始めたところだった。つまりあらゆる面でとまでは言わないが、本書の出版から今日までの二年間で報道メディアやハリウッドと中央情報局（ＣＩＡ）との関係は大きく変質したのだ。それはぜひとも強調しておきたい。一つの大きな変化は、トランプ政権の誕生が図らずも報道メディアに新たな生気を吹き込んだことだ。それは衰退しつつあったアメリカの活字メディアで特に顕著な動きだ。ビル・クリントン、ジョージ・Ｗ・ブッシュ、バラク・オバマの各政権時代、政治権力の濫用やアメリカによる海外侵略が引き起こした情勢の不安定化（サダム・フセインが大量破壊兵器を保有しているとの虚偽の主張に基づく二〇〇三年のイラク侵攻と、その後の「イスラム国」の台頭がもっとも明白かつ特筆すべき事例だ）に対し、報道界全般は権力の番人の役割を積極果敢に果たしていなかったのだから。

トランプのような候補が世論調査で高支持率を得るという前代未聞の事態となり、やがて大統領選で勝利できた理由の一つは、この数十年で深刻化してきた報道メディアに対する世間の不信感をトランプが抜け目なく利用したことである。近年、有権者の報道メディアに対する信頼は一貫して下降線をたどってきた。その主な原因は報道機関側のあり方に問題があったからだ。だからトランプは自身に関するネガティブな報道があれば何であれ、メディアに対する政府内の協力者（いわゆる「ディープ・ステート」）がでっちあげた「フェイク・ニュース」だと、皮肉を込めて攻撃することができた。ご存じのとおり、トランプは大統領に就任してからもこうした報道界に対する執拗な「口撃」を繰り返してきた。それを彼の支持者たちが引き継ぎ、ソーシャル・メディアだけでなく、フォックス・ニュース、ブライトバート・ニュースをはじめとする右派系メディアを通じてテレビやインターネット上でも攻撃を続けているのだ。

こうした大きな変化にもかかわらず、本書が追及しているメディアと権力の関係の根本的な危うさは、今日でも変わらず存在する。それどころか、ともするとトランプをめぐる騒々しい報道合戦に目を奪われがちな現状を考えると、この危うさを理解しておくことは大統領選挙の前よりもいっそう重要だとも言えるだろう。

一つの重大な問題点は、ＣＩＡがアメリカ国内の報道メディアを直接的に操ろうとすることには強い規制があるものの、海外メディアとの関係に関してはいまだにそうした規制がないということだ。だから都合のいいネタを海外メディアに流して報道させるというのが、CIAの長年変わらぬやり口となってきたのだ。

例えば本書にも登場するフランク・スネップというCIAの元職員は、ベトナム戦争の最後の数年間にマスコミ対応を担当してこの戦争の実態について世論を欺き続けた人物だ。スネップは当時みずからアメリカの外交政策について原稿を書いてリークし、それらが『エコノミスト』誌などの有力誌で記者名義の署名記事になったことを明かしている。今日のようなインターネットとソーシャル・メディア全盛の情報環境下では、ニュースや情報はあっという間に効率よく拡散し、再生産される。このため世論を操作するために外国の報道メディアを利用することはかつてなく容易になっていることを、CIAも認識しているのだ。

CIAが世論を操作する主な目的は機密情報を隠しておくことである。つまりそれは主として、CIAの利益に反すると思われる情報を世間の目に触れないようにしておくということだ。確かに、国家の安全保障にとって死活的な機密の保持はCIAにとって正当な行為と言うべきだろう。だが世間に知られたくない、自分たちにとってばつの悪い情報を暴く報道をCIAが阻止してきたという、そんな事例があまりにも多く明らかにされてきた。

さらに今日でもなお深刻な問題なのは、ＣＩＡが報道メディアと映画産業の両方に対する影響力を駆使して、テロの脅威などに対する世間の不安を煽《あお》り増幅するようなストーリーを作り出すこともできるということだ。そうしたストーリーはまた、ＣＩＡ自体の存在を正当化しようとする傾向が強い。かつて『ニューヨーク・タイムズ』紙の記者として国家安全保障問題を取材したジェームズ・ライゼンが警鐘を鳴らしているとおり、ＣＩＡは「報道機関を管理し、記者たちが書く内容を制限したい」のである。ライゼンは政府がアメリカの市民らを違法に監視していた事実を、投獄のリスクを冒してまで暴露した男だ。それだけに、メディアとＣＩＡの間の情報戦争の重大さを痛いほどわかっている。「私たちは何よりも国家安全保障が優先されるいわゆる公安国家［National security state。国家安全保障を特に重視し、軍や情報機関が強力な権限を握る国家体制。国防国家、安全保障国家と訳されることもある］を作り上げ、それは金額にすれば何十億ドルもの価値となる巨大な機構なわけですが、それが私たち市民の自由を踏みにじり、私たちは公安国家が喧伝《けんでん》するが実は存在すらしない脅威に怯《おび》えながら暮らしているのです」とライゼンは言う。

「国境なき記者団」が発表した二〇一七年の「世界報道自由度ランキング」を見ると、アメリカと日本の両国は教育の充実した、世界を代表する先進国であるにもかかわらず、報道の自由に関しては四三位と七二位である。特に日本のランキングの低さが目立つ。先進諸国の中でも最低クラスだ。朝鮮半島における核兵器をめぐる予断を許さない情勢から、軍事的・経済的な力をアジア全域およびその先へまでも伸長させてますます自己主張を強める中国にいたるまで、日本および世界各国は数々の脅威に直面している。そんな中で、政府当局の機密がどのようにして保持されるのか、そして国民のためだとされる政治判断や政策を当の国民が知るのを妨害することに、報道メディアがどのような役割を果たしているか。それらを日本の国民がみずから学んでいくことが絶対に欠かせない。日々接するニュースや娯楽作品がどのようにして国民の目に触れ、耳に届くのか、日本のみなさんがしっかりと認識しておく上で、本書がその一助になることを心から願っている。またグローバル市民として私たち一人ひとりが当局の筋書きを疑い、私たちが「ニュース」と呼ぶものの中で何が現実《リアル》であり、そして何が現実《リアル》でないかを見極め、みずからの意見を形成していく上でも。

ニコラス・スカウ

どんな政府も嘘つきどもが牛耳っており、やつらの言うことは一切信じてはならない。

――I・F・ストーン（ジャーナリスト、一九〇七～八九年）

目次

記事掲載を中止させるCIAの常套手段
棚上げされた『ニューズウィーク』誌のスクープ記事
政府の言いなりにならなかったゴールドマン記者のスクープ

第二章 神と国家のために

『ローリングストーン』誌の暴露記事／CIAの違法活動を伝える極秘報告書
CIAとメディアの攻防——ベトナム戦争「フェニックス作戦」の真実
CIAはこうして報道陣を騙した／CIAお抱えのジャーナリストたち
ベトナム戦争末期のCIAのガセネタ・キャンペーン
明かされたCIAの違法活動と恐るべき技術力／短命に終わった攻撃的報道の時代
CIAが雇ったニカラグア反政府ゲリラの宣伝マン
隣国ホンジュラスを拠点にしたコントラの宣伝作戦
幻に終わったコントラの「チェ・ゲバラ」
外交広報局を裏で操ったCIA／アメリカ政府に睨まれた記者たち
古くて新しい報道機関操作のテクニック
CIAと親密だった『ワシントン・ポスト』紙の敏腕記者と編集者

第五章　グアンタナモ収容所の隠蔽工作

第六章　銀幕《ハリウッド》をねらえ

ハリウッドを操るCIA
イギリスの文豪グレアム・グリーンも激怒した映画化作品
CIAに批判的だった一九六〇～七〇年代のハリウッド
映画化権を買って握り潰す――CIAによる映画化阻止工作
映画製作陣に「協力」するCIAの「ハリウッド担当」たち
CIAとハリウッド、空前の大成功――映画『アルゴ』
国土安全保障省長官を有頂天にさせたドラマ・シリーズ『ホームランド』
ストーリーに困ったら、CIAに訊いてみよう
CIAはなぜ『ミッション：インポッシブル』を気にしないのか
CIAが企画段階から肩入れした映画『ゼロ・ダーク・サーティ』
『ゼロ・ダーク・サーティ』は拷問の正当化に利用された
事実を「ふくらませて語る」元CIAのコンサルタントたち
映画になっても叩かれた、CIAの麻薬密輸工作を暴いた記者

※訳注は〔　〕で示した。
※本文中の＊1などはその章の原注に対応する番号である。
※原注は巻末に記した。

序章　合わせ鏡の荒野

二期八年にわたって政権を率いたバラク・オバマ大統領にとって、最高司令官としての最大の成果はウサマ・ビンラディンを手早く処刑できたことだった。だが同時に、それはアメリカの「テロに対する戦争」にまつわる巨大な「神話」をも生み出すことになった――実はこの戦争は初めから神話の力に牽引されてきたのではあるが。その「神話」の筋書きによれば、世界でもっとも名の通ったお尋ね者だったビンラディンの追跡と殺害は、巧みな諜報活動の賜物だったとされている。それは『ゼロ・ダーク・サーティ』（二〇一二年製作）のような映画や、無数の報道や書籍の中で語られてきた。だが真実は、それほど英雄的な話ではなかったのだ。

ウサマ・ビンラディンの潜伏先（パキスタン）

ビンラディン襲撃作戦の裏側

　ビンラディンを殺害した急襲作戦そのものに関しては、基本的な事実はほぼ明らかになっている。時は二〇一一年五月二日の深夜零時半ごろ、場所はパキスタンの都市、アボタバード。最新のステルス技術を装備した米軍のヘリコプター、改造型ブラックホーク二機がアボタバードにある壁に囲まれた邸宅の敷地に向けて降下を始めた。アボタバードはパキスタンの軍産複合地帯のど真ん中にあり、パキスタン軍の駐屯地として知られる都市である。邸宅は陸軍士官学校からわずか一キロ半ほどのところにあり、数カ月にわたってアメリカの中央情報局（ＣＩＡ）の無人機《ドローン》が上空から二四時間態勢で監視を続けていた。

　ビンラディンとその家族が暮らす邸宅に向かっ

て、ブラックホークがゆっくりと舞い降りていく間、オバマ大統領はホワイトハウスの危機管理室で息を詰めて作戦の行方をリアルタイムで見つめていた。「ジョー」ことジョセフ・バイデン副大統領と数人の政権最高幹部らも同席している。一機目のヘリがちょうど着陸しようかというとき、ローターが巻き起こした気流が高さ五メートル半の壁に阻まれて行き場を失い、機体を煽《あお》った。ヘリは失速。機体後部が壁に当たって折れ、ヘリは中庭に横倒しになった。だがパイロットも重武装した海軍のエリート特殊部隊、ネイビー・シールズに所属するチーム・シックスの隊員たちも無傷で済んだ。この墜落事故の重大な意味が明らかになるのは何年も先のことである。

次に起きたことはもう何度も繰り返し語られてきた。ただしそれらは具体的でありながら互いに矛盾し、銃撃戦が起きたのか、一方的な虐殺が行われたのか、見解は割れている。要するに誰が何発撃ったのか、さまざまな憶測が飛び交ってきたのだ。だが大筋において意見が一致しているのは、二十数人のネイビー・シールズ隊員が母屋に強行突入し、五人を殺害。そこにビンラディンと息子たちの一人が含まれていた、という点だ。ほかの遺体はそのまま放置して、隊員たちは文書類やデジタル・ファイルの「宝の山」と一緒にビンラディンの遺体を家から引きずり出した。

使用不能となったヘリを爆破したのち、数人の隊員たちはもう一機のブラックホークで、残りの隊員たちは支援用のヘリ、チヌーク二機に乗り込み、ウサマ・ビンラディンの遺体と共にアフガニスタンの米軍基地へ帰投した。DNA鑑定その他でビンラディンであることが確認されると、遺体は米軍の空母カール・ヴィンソンへ空輸され、二四時間以内にアラビア海に投げ込まれた。速やかな埋葬を命じるイスラム教の伝統を尊重してのことか、墓が観光客や信奉者の名所になるのを避けるためかは不明である。オバマ大統領がホワイトハウスでビンラディンの死を公式に発表すると、ニュースはあっという間に世界を駆け巡った。そしてアメリカの若者たちがホワイトハウスの周囲に押し寄せ、「USA、USA、USA」の大合唱となったのだった。

ホワイトハウス版のストーリーの嘘

ウサマ・ビンラディンの殺害は――少なくとも宣伝工作《プロパガンダ》的には――一〇年に及んだアメリカの「テロに対する戦争」における最大の勝利だった（第六章で詳述するように、大作映画にまでなった）。だが間もなく、この奇襲作戦に関するアメリカ政府の公式発表には大きな疑問が投げかけられるようになった。どうしてあれほど長い間、パキスタン当局はビンラディンが潜伏していることに気づかなかったのか？　それもパキスタンでもっとも治安体制が厳しい都市の一つで、パキスタン軍の基地からわずか数ブロック先に暮らしていたというのにである。また、テロ活動の総指揮官であるビンラディンを生け捕りにして、世界の人々の前で裁判にかけようとしなかったのはなぜか？　隠されている事実があるに違いない……アメリカ政府の公式発表にはどれだけ信憑性《しんぴょうせい》があるのか？　疑問が噴出した。

ホワイトハウス版のストーリーを裏づける確固とした証拠はなかった。だがビンラディン襲撃作戦に関する基本的な事実関係は反証されることもなかった。ところが二〇一五年五月一〇日、この暗殺作戦に関する一本の記事が書評・評論雑誌の『ロンドン・レビュー・オブ・ブックス』誌の巻頭を飾った。知る人ぞ知る調査報道記者のシーモア・ハーシュによるものだ。「米軍のネイビー・シールズの一隊がパキスタンのアボタバードの高い壁に囲まれた邸宅を夜襲し、ウサマ・ビンラディンを暗殺してから四年が過ぎた」と、ハーシュの記事は始まっていた。

「ビンラディン殺害はオバマ政権一期目の見せ場となったのであり、再選をもたらした重要な要因の一つだった。ホワイトハウスは今に至るまで、作戦はアメリカ単独の企てだっ

調査報道記者シーモア・ハーシュ

たと主張し続けており、パキスタン軍の情報機関である軍統合情報局（ＩＳＩ）トップの将軍たちには、奇襲作戦について事前に知らせてはいなかったという。しかし、それは虚偽であり、オバマ政権の説明に含まれる多くの点も同様である。ホワイトハウス版のストーリーは『不思議の国のアリス』の作者ルイス・キャロルが書いたのかと思うほどナンセンスである[*1]」

オバマ政権が語る迷宮のようなストーリーによれば、ＣＩＡが苦労に苦労を重ねてビンラディンを追跡し、ついにアボタバードの潜伏先の邸宅を突きとめたのだという。だがそもそもそんなものは手の込んだ作り話にすぎないのだと、ハーシュは書いている。ハーシュの主張によれば、実際はパキスタンの治安当局であるＩＳＩは二〇〇六年以来、ビンラディンの身柄を確保していたのであり、諜報活動の貴重な財産として、おそらく何か将来的な目的のためにあの敷地内に軟禁していたのだという。あるとき、二五〇〇万ドルの報奨金目当てに、ISIの将校がビンラディンの居場所を知っているとしてCIAと接触した。そして多少の議論の末に、オバマ政権はISIと計画を練り上げた。それによれば、ISIは現地の軍部が介入しないことを保証し、アメリカ側はビンラディンをつかまえたら無法地帯となっている国境をアフガニスタン側へと越え、そこでビンラディンを処刑する、という手はずだった。パキスタンの面子を潰さないよう、ビンラディンはパキスタン随一の軍事都市のど真ん中で撃ち殺されたのではなく、人里離れた僻地での銃撃戦で死亡した、と世界には伝えられるはずだった。おそらくヘリの墜落がそんな偽りのシナリオを台無しにしたのだろう。そしてオバマが襲撃作戦のニュースを公表したとき、パキスタン政府を切り捨てて裏切っただけでなく、「テロに対する戦争」の最大の勝利の物語を巨大な嘘に変えてしまったのだと、ハーシュは書いている。

アメリカ政府と大手報道機関からの反撃

この記事はオバマ政権とCIAには痛手だった。だからワシントンの当局から、ハーシュに対して猛烈な非難が浴びせられるのにそれほど時間はかからなかった。政権側の反論を最初に掲載したのが、ＣＩＡの忠実な友である『ワシントン・ポスト』紙だったのも驚くには当たらない。ハーシュの記事が出た翌日の同紙の記事によれば、ハーシュが書いていることは「まったくのナンセンス」だと、匿名のＣＩＡ職員が述べたという。さらにホワイトハウスのネッド・プライス報道官はハーシュの記事について、「不正確で根拠のない主張が多すぎる」と述べたと同紙は伝えた。続いてＣＮＮのアナリストであるピーター・ベルゲンの発言が引用されていた。ベルゲンはビンラディンにインタビューしたことがある数少ない欧米のジャーナリストの一人だ。ベルゲンはハーシュの記事について、「膨大な目撃証言や（ハーシュにとって）都合の悪いさまざまな事実に反し、単純に常識的に見ても矛盾していて、ナンセンスの寄せ集めだ」と述べた。[*2]

さらに『ワシントン・ポスト』紙のメディア批評家のエリック・ウェンプルが追い討ちをかけ、ハーシュがたった二人の人物への取材に基づいて記事を書いているとして、激しく攻撃した――アサド・ドゥルラニなるパキスタンの退役将軍と、襲撃に関して「知っている」という（その内容は具体的に明かされていない）匿名のアメリカ政府高官だ。ハーシュの記事中、少なくとも五五点の「事実」が匿名の高官の証言だけに基づいていると、ウェンプルは指摘した。これに対してハーシュは「いつだって秘密を明かしてくれる唯一無二の人物がいるものだ」と、ウェンプルに反論した。*3

政府当局によるハーシュに対する誹謗中傷を載せた二日後、『ワシントン・ポスト』紙は集中砲火を続けた。数名のベテラン・ジャーナリストがハーシュの記事を批判していると、報じたのだ。特に、銃弾で蜂の巣にされたビンラディンの遺体は海で水葬にされたのではなく、ずたずたにされて、釣りの撒き餌のようにヒンドゥークシュ山脈上空を飛ぶヘリの窓からばら撒かれた、とハーシュは書いていたが、ジャーナリストらはその陰惨な主張を虚偽だとして非難しているという。同紙はさらに、匿名の調査報道記者の発言を伝えた。それは同紙の主張を補強する効果はほとんどなかったが、ハーシュの記事に対する激しい反感をよく表していた──「あの記事は救いようがないほどひどい出来で、とてもまともに扱えるような代物なんかじゃない。誰もがめちゃくちゃ頭にきているんだ」。

人当たりのよくないことで知られるハーシュに対して、『ワシントン・ポスト』紙の記者が返答を求めると、口汚い反撃に襲われた。「ほかの記者にない情報源を俺だけが持っているからといって、どうして俺がクソみたいに言われなければならないんだ」とハーシュは噛みついた。「ほかの連中が俺について言っていることは、まったく愚にもつかないたわごとだ」。同紙の記者はハーシュに対し、ジャーナリストとしてこの数年は主に『ニューヨーカー』誌に書いてきたのに、どうしてこの記事は同誌に載せてもらわなかったのかと詰問した。するとハーシュは説明した――編集長のデイヴィッド・レムニックが特集記事として載せることを拒み、なぜか同誌のブログにならなら書かせてやると言ったのだという。[*4] レムニックの慎重な性格はつとに有名で、臆病だとさえ言う者もいるが、おそらくそのおかげで同誌の編集長の座に長年鎮座していられるのだろう。そして、『ニューヨーク』誌が指摘したとおり、アボタバードの件について『ニューヨーカー』誌がかつて報じた記事と、ハーシュの記事は完全に矛盾するものだった。前者は当然ながらレムニックが編集したものだった。[*5]

CIAが作り出す「合わせ鏡の荒野」

ハーシュに対する罵声には限度がなかった。アメリカ政府の見解の代弁者とも言うべきニュース・メディアのポリティコ［ウェブサイトを中心にオンライン・マガジン、ニュースレター、放送などで政治的話題を報じる複合メディア］への寄稿で、メディア・コラムニストのジャック・シェイファーはハーシュの記事を「ぐちゃぐちゃのオムレツのような記事」だと切り捨てた。だが記事の真偽を問うことは巧みに避けた。

「ビンラディン襲撃作戦を再検証する中、ハーシュは冷戦時代のスパイ組織のリーダー、ジェームズ・アングルトン〔一九五〇年代から二〇年余りCIAの防諜部長を務め、ソ連のスパイの摘発などで活躍〕が『合わせ鏡の荒野』と呼んだ現象の中へ飛び込んでしまった。その秘密の世界では、真実は構築されたり、消去されたりし、上司に奉仕するために捻じ曲げられるのだ。そこでは騙そうとしてくる敵には事欠かず、信頼できる地図と羅針盤と方向感覚と、ひょっとして歩数計までも身につけていない限り、人一倍大胆不敵な旅人（あるいはジャーナリスト）でさえ、迷子になってしまうのである。私も喜んでハーシュ救出隊のボランティアに加わろう――私は彼には長年敬服してきたのだ――ただし、彼がいったいどこへ迷い込んでしまったのか、誰かが教えてくれるならだ*6」

ビンラディンの潜伏先を告げたパキスタンの情報提供者

とどまるところを知らない批判の大合唱の中、ハーシュはますます孤立感を深めていった。しかし九・一一以降パキスタンを取材し続けていた一部の記者たちにとって、ハーシュの記事には真実の匂いがする側面がいくつかあった。そう感じた一人が『ニューヨーク・タイムズ』紙のカーロッタ・ゴール記者だ。アメリカ政府がビンラディンの居場所を知ったのは襲撃の数日前のことで、パキスタン人の情報提供者から知らされた、という話は彼女も耳にしていた。だが「その主張の裏づけは誰にもできなかったし、誰もしようとしなかった」と彼女は書いた。二年後、著書執筆のために取材を進めていると、「パキスタンの情報機関のある高官」が「ISIはビンラディンを隠していたのであり、諜報活動上、価値ある人物とみて、彼を管理するための専用部署すらあった」と彼女に認めたという。ゴールはさらに、CIAにビンラディンの潜伏先を伝えた「飛び込み」の情報提供者というのが、実はISIの幹部将校でもあるパキスタン軍の准将だったことを突きとめた。そしてその人物がCIAに対して、ビンラディンはISIの管理下にあると伝えたことがわかった。「私はこのことを教えてくれた情報源の人物を信用した」とゴールは書いている。「私はその男と直接話したのではなく、彼の情報はある友人を通じて私に伝えられた。しかし情報源の男はISIでは十分に高位にある人物であり、いい加減な発言をするとは思えなかった。私はその情報は真実だと確信したが、記事にするのは控えた。（アメリカで）裏づけを取るのは極めて難しいだろうと思ったからだ。特に、（CIAにビンラディの居場所を告げた）情報提供者は（アメリカ政府の）証人保護制度で守られていると推測されたからだ[*7]」。

ハーシュの記事がアメリカ政府に爆弾を落としてから一年以上が過ぎた。だが彼の主張に対する支持・反論いずれの側からも新事実は出てきていない……。このこと自体が国家安全保障問題に関する報道メディアの限界を雄弁に物語る。ゴールが書いたように、パキスタンの情報機関高官という情報源がハーシュの記事を大筋で認めているのである。それなのにアメリカの数々の巨大メディアはなぜハーシュの主張を掘り下げることも、逆に説得力のある反論を示すこともできずにいるのか？　そうする代わりに、国家安全保障問題を専門とする記者たちは、ホワイトハウスの当局者やＣＩＡの報道官たちからのあいまいな否認をただ垂れ流しているだけなのだ。私は本書のためにＣＩＡ本部で報道官の一人に取材したとき、ハーシュの記事に対するコメントを求めてみた。執拗に要求すると、報道官は全面否定というＣＩＡの公式見解を繰り返した上で、記事は「まったくのナンセンス」だと決めつけた。そしてゴールが書いた後追い記事も「ずれている」と主張したが、事実関係は一つも示さなかった。その後も報道メディアはビンラディン襲撃作戦をさらに突っ込んで取材するよりも、ハーシュの怒りっぽい気難しい人格を好き勝手に攻撃することに終始した。

それでも残る公式発表への疑問

元ＣＩＡスパイのボブ・バエルの見解では、ハーシュの記事は単純には切り捨てられないという。「担当編集者がろくでもないぼんくらだったのでしょうね」と同情しつつ、記事の細部には信憑性も感じるのだそうだ。アボタバードのようなセキュリティの厳しい都市に、ヘリ数機で何十人もの隊員を送り込む作戦である。彼の経験上、事前にパキスタンの了解も取らずにネイビー・シールズがそんなことをするはずはないという。「シールズのチームは先陣として乗り込むようなことはしません。事前に付近にさまざまな形でバックアップ態勢を用意しておくわけです。だからパキスタン側の誰かは襲撃を事前に知っていたに違いない。それに、私はパキスタンを熟知していますが、アボタバードのような軍事都市に外国人が移り住んだら、誰も気づかないなんてことはあり得ません」とバエルは言った。しかも相手はビンラディンという世界で随一のお尋ね者である。「私もこの点、（アメリカ政府の発表には）本当に当惑しました。シールズのメンバーとも話してみましたが、ストーリーは穴だらけです」。

安全保障問題を取材する記者たちの中で、『ヴァイス・ニュース』誌のジェイソン・レオポルドなど、政府御用達の連中に比べて独立心旺盛な記者たちも、アボタバードの出来事に関するホワイトハウス版のストーリーには初めから疑問を感じていた。オバマがビンラディンの死を公表した晩、ホワイトハウスは電話会議システムを使った記者会見を開き、レオポルドも多くの記者たちと一緒に参加した。レオポルドは当時を回想する。

「政府の連中は筋の通らないことを言い出したんだ。彼らのストーリーにはいくつも穴があった。だから会議が終わると私は編集長に電話を入れて言ったんだ――『俺はこんな代物を記事にはできませんよ。訂正記事を出すはめになりますからね。このネタは間違っていると思います』とね。九・一一の直後、記者たちがひどく興奮していた様子を思い出したよ。何が起きているのかについて、あのときは誰もが政府の言うことを何でも鵜呑みにしてそのまま報じていたんだ」

レオポルドによれば、安全保障問題担当の著名な記者たちが書いたビンラディン襲撃に関する記事はすべて、この晩の記者会見でアメリカ政府が発表した筋書きをそのままなぞっていたという。「当局の連中が言ったことを誰もが事実として報じた」とレオポルドは言う。「案の定、やがて政府のストーリーは完全に空中分解した。例えばこの数年で私が知り得たことに基づいて言えば、CIAに情報を漏らした飛び込みの情報提供者がいたことは間違いないだろう」。つまり事実上、パキスタンの情報機関がビンラディンをアメリカ側へ引き渡したということだ。ＣＩＡが巧みな諜報活動で居場所を突きとめたわけではなかったのだ。

ハーシュの記事には欠陥もあるかもしれないが、今や彼の基本的な見方は正しいと思われる。つまりアメリカの「テロに対する戦争」の最大のサクセス・ストーリーは、政府当局者たちがでっちあげたお伽話《とぎばなし》にすぎない。それを涎《よだれ》を垂らして待ち受けるワシントンの報道陣やハリウッドの映画人たちが広めたのである。

首都ワシントンの自宅兼オフィスに電話取材をしてみたところ、ハーシュはあの記事をめぐる論争につけ加えるべき新しい情報はまったくないと言い張った。記事にした経緯を話題にすることも拒み、どうしてあんなに論争を巻き起こすことになったのか、推測するのもごめんだという様子だった。ハーシュは言った――「つまりだな、俺にもまったくわからない。俺がどんな考えを持っていようと、どんな反響を予測していようと、連中はお構いなしだ。それに記者たち全員に『……と私は思います』というせりふを禁止したら、ケーブルテレビのニュース番組なんてまったく成り立たないに決まってるさ。俺はそんな番組には出ないがね」。

もしビンラディン襲撃に関する政府の公式のストーリーが本当に嘘だったとしたら、実際の出来事を知っている人が多すぎて、真実を隠し通すことなどできないのではないか……。この点について訊くとハーシュは強く反論した。情報機関というものはものごとを秘密にしておく術《すべ》を知っている、、、のだと、ハーシュは言った。それが彼らの仕事なのだと。ハーシュは国防総省の国家安全保障局（NSA）が広範な盗聴を行っていたというスキャンダルを例として挙げた——NSAはアメリカ政府の中でも多くの職員を抱える最大級の組織だが、結局その秘密の多くを暴露したのはたった一人の職員だった……エドワード・スノーデンだ。「公開されている資料によれば、NSAには三万人の職員がいる」と、ハーシュは具体的に説明した。NSAがアメリカの市民から違法にデータを収集していることを職員の一〇パーセントが知っていたとする。それだけでも、同局内で行われていることを三〇〇〇人が知っていたことになる。NSAのごく一部の職員たちしか知らなかったと仮定しても、口をつぐんでいた人間は相当な人数になるというわけだ。

ハーシュは電話を切る前にこう言った——「なあ、君。NSAやCIAの人間が秘密を守れないとでも思うか？　やつらほど隠しごとが得意な連中はいないぜ」。

第一章

私はだいたいなんだって食べちゃうんです

二〇一三年一二月二三日、情報公開を定めたアメリカの「情報自由法」に基づく二件の開示請求を受けて、ＣＩＡは五七四ページに及ぶ資料を公開した。国家安全保障問題を取材する記者たちとＣＩＡの広報部門とがやりとりした電子メールの記録である。この宝の山のような膨大な資料は公開から一年ばかり世間の耳目を集めることはなかったが、二〇一四年末、調査報道専門のオンライン・マガジン、『インターセプト』誌の一連の記事で広く知られることになった。まさに爆弾だった。連載記事が明かしたのは、安全保障問題を担当するアメリカの名だたる記者たちの一部が、事実上ＣＩＡの協力者として無給で奉仕しているも同然だということだった。記者たちは執筆中の記事に関する詳細な取材メモだけでなく、掲載前の原稿の全文をＣＩＡに送っていた事例もあったという。

CIAに取り入った女性記者

公開された電子メールのほぼ半数はある一人の記者に関わるものだった――最近『ウォール・ストリート・ジャーナル』紙を離れ、世界的な民間コミュニケーション企業のブランズウィック［企業や組織の財務、ＩＴ、広報、サイバーセキュリティなどを扱うコンサルティング会社］に移り、以前よりも高給取りになったシヴォーン・ゴーマンだ。彼女がＣＩＡの広報部門と交わした電子メールのやりとりからは、バージニア州ラングレーにあるＣＩＡ本部を見学したいとか、ＣＩＡのトレーニング・ジムに関する記事を書きたいとか、当時のデイヴィッド・ペトレイアス長官と個人的に面会したいといったゴーマンのリクエストが明らかになった。ペトレイアス長官については、休憩時間に一マイル（一・六キロ）を六分間で走るのが趣味であり、一マイルを七分以内で走れる記者なら誰とでも面会に応じてくれると、ＣＩＡ側がゴーマンに明かしている。

二〇一二年三月、ゴーマンはペトレイアス長官との「オフレコのディナー」というＣＩＡからの誘いに乗った。ＣＩＡの報道担当官は「それはすばらしい！　食物アレルギーはありますか？」と返信。「ないわ。私はだいたいなんだって食べちゃうんです」とゴーマンは打ち明けた[*1]（ペトレイアスはやがて自身の伝記作家かつ愛人で、熱心なトレーニング仲間でもあったポーラ・ブロードウェルに機密情報を漏らしたことで辞職に追い込まれた。ブロードウェルはペトレイアスにアクセスできる特別な待遇を利用して、『丸ごと入っている』（原題 *All In*）という絶妙なタイトルの著書を執筆した）。

同じ月、ゴーマン記者とＣＩＡ報道担当官（氏名は同局が非公開とした）との別の電子メールのやりとりの中で、ゴーマンは『ウォール・ストリート・ジャーナル』紙の「同僚」が耳に入れてくれたことに言及していた。シリアのバッシャール・アル＝アサド大統領の暗殺未遂事件があったとの噂を、その同僚が聞いたというのだ。「すてきな日曜日ですね！　アサドが撃たれたって噂だと、ある同僚が言うんですが」と、ゴーマンは陽気な調子で書きだしていた。「あり得そうにないけど、クレージーな時代ですからね。真偽のほどは？」。ＣＩＡ側の相手は噂を確認してみることを約束した上で、その同僚はシリアにいるのかと訊いた。ゴーマンは相変わらず饒舌すぎる例の調子で返信した――「いいえ。その同僚というのは実はうちの編集長なんです」。

のちにゴーマンはこの報道官の協力に感謝するメールを送っている。「前にも言ったとおり、うちの編集長の独自情報はいつも当たるってわけではないけれど、編集長からなのでチェックしないわけにもいかないんですよ。それに彼はＭＩ６の人たちとしょっちゅう話をしていると言うものですから」と、イギリスの情報機関の名を挙げて説明した。その二カ月後の二〇一二年五月一日、ゴーマンは「ＵＢＬ（ウサマ・ビンラディン）のお宝の翻訳」という件名の電子メールをＣＩＡに送った。ちょうど一年前、パキスタンの邸宅を襲撃して世界でもっとも名の知れたお尋ね者を殺害したときに押収した、パソコン上の電子ファイルのことだ。ＣＩＡはそこから有益な機密情報を掘り出そうとしており、ゴーマンは最新の状況を問い合わせたわけだ。

「ハーイ、みんな。今日は一周年おめでとう、ってところかしら?」と、ゴーマンはまるでCIAの仲間内の人間のような調子で訊いている。

そのメールに対するCIAからの返信は(開示されたやりとりの中のほぼすべての返信と同様に)公開時に削除されている。おそらくそれはアメリカの安全保障上の配慮からではなく(なぜならCIAが記者たちに電子メールで最高機密を漏らすわけがない)、むしろ記者らとCIAの広報部門との癒着を白日のもとにさらしてしまうことになり、不都合だとして削除された可能性が高い。それでも、どうにかCIAの検閲をすり抜けたそれほど実害がなさそうなメールでさえ、安全保障問題を担当するアメリカの報道陣の実態を明かしてくれる。彼らは政府の暴虐から一般市民を守る監視役を務めるどころか、監視する相手であるはずの巨大な情報機構にほぼ完全に取り込まれているのだ。

情報機関と秘密漏洩者のイタチごっこ

CIA本部の報道担当官たち(いずれも私の取材に匿名を希望した)によれば、彼らの仕事はかつてなく難しくなってきているという。メディアが発展した今日、パソコンさえ

©Capital Pictures/amanaimages

NSAの膨大な監視システムに関する最高機密情報を暴露した、元職員のエドワード・スノーデン

持っていれば誰だってCIAに害を及ぼし得る情報をインターネット上に流すことができ、しかもそれはあっという間にブログやウェブサイトで次々と取り上げられ、やがてツイッターのようなソーシャル・メディア上で爆発的に拡散する。二〇一三年以降、メディアの状況が情報機関の関係者たちにとっていっそう厄介なものになっているのは確かだろう。同年、国家安全保障局（NSA）がアメリカ市民、そして友好国の政府までをも対象に膨大な監視網を運用していたことが発覚した。NSAの元契約職員、エドワード・スノーデンが最高機密情報を次々と暴露していったのだ。それ以前にも、陸軍の内部告発者のブラッドリー（現チェルシー）・マニングによって、九・一一同時多発テロ以降のアメリカの戦争に関するショッキングな文書や動画がリークされ、

ウィキリークスが入手して公開した。マニングやスノーデンによる暴露はスパイ帝国CIAを根底から揺さぶったのだった。

最近では、情報機関の職員は匿名のハッカーや一匹オオカミのブロガーという新たな世界の住人を相手に、イタチごっこをしているような気分になることがあるという。あるCIAの報道官は、記者を説得して記事をボツにさせたり、秘密工作員とその作戦を——あるいは単にCIAの面子を——守るための時間稼ぎとして掲載を延期させたりしようと奮闘しているというが、「スノーデン以降、九〇パーセントは失敗する」と、憂鬱な表情で述べた。「私たちは報道されようとしている記事の内容に具体的に論評するわけにはいかないので、厄介です。だから『記事を掲載したら大変なことになりますよ』と遠回しに言うしかありません。私がメディアに指図することはできませんからね」と断言した。「私にできることといえば、記事を掲載すべきでない理由を述べ立てるくらいですが、だいたいは失敗します。なぜならそのころには機密に関わる情報はすでにどこかで漏れてしまっているからです」。

CIAに敵対的なメディアとして報道官が名を挙げたものの一つが『インターセプト』誌だ。同誌はこの数年間にCIAが行ったという残虐行為について、一連の記事を掲載してきた。それらはＣＩＡにとっては都合の悪いものだった。中でも印象的だったのが「無人機《ドローン》文書」という記事で、情報機関関係の高官がリークした文書類に基づいていた。それらの文書によれば、米軍がドローンを遠隔操作して実行した空爆で、テロ容疑者たちよりも遥かに多くの罪のない一般市民が殺害されてきたというのだ。実にその比率は一般市民六人に対してテロ容疑者一人というから衝撃的だ。しかもリークされた文書そのものよりも、（少なくともＣＩＡにとって）さらに気がかりなのは、情報を漏らしたのが明らかにスノーデン以外の人物だということだ。『インターセプト』誌の創業時の編集長の一人はグレン・グリーンワルドで、『ガーディアン』紙やニュースサイトの『サロン』に執筆する元ブロガーだ。スノーデンはそのグリーンワルドにＮＳＡの膨大な機密資料を提供したことで知られている（なお、『インターセプト』誌の創業時、グリーンワルドと共にローラ・ポイトラスとジェレミー・スケイヒルも編集長を務めていた。ポイトラスはスノーデンが二番目に接触した人物で、『シチズンフォー――スノーデンの暴露』というドキュメンタリー映画の監督として、グリーンワルドとスノーデンが香港で接触した様子を伝えた。スケイヒルは世界最大の民間軍事会社の特殊部隊を描いた著書『ブラックウォーター』や、ドローンによる攻撃などの実態を伝えるベストセラー、『アメリカの卑劣な戦争』

などで知られるジャーナリストだ)。

さらにオンライン・マガジンの『ヴァイス・ニュース』誌もある。同誌は安全保障関係を得意とする記者たちの中でもずば抜けてアグレッシブで怖いもの知らずな男、ジェイソン・レオポルドを抱えている。レオポルドは連邦捜査局(FBI)が「情報自由法のテロリスト」と呼ぶほどで、この情報公開法を徹底的に利用して政府の公文書を入手することで有名だ。レオポルドは安全保障問題の取材記者としては珍しく、首都ワシントンではなく、西海岸のロサンゼルス在住だ。「それには理由があるんだ」と、ワシントンの連邦議会から戻ってすぐに受けたインタビューでレオポルドは答えている。レオポルドはちょうど議会で証言して帰宅したばかりだった。レオポルドが証言したのは、公共の利益のために政府の公文書類にアクセスしようと努力しても、さまざまな情報機関にいかに意図的に妨害されるか、ということだった。情報自由法に基づく開示の請求をしているのにもかかわらずだ。レオポルドは官庁街から離れて暮らしているが、確かに「情報の迅速な入手」という面では限界があるという。「でもそれだからこそ、情報をゲットしようと私はよりいっそうアグレッシブになれるんだ。それに私は『アクセス・ジャーナリズム』［取材のために政府内部関係者などとのパイプを保つことを優先し、報道する内容などで妥協する、権力者と癒着した取材・報道姿勢のこと］の犠牲にならずに済むからね。ワシントンにほんの一週間でもいれば、あの官僚制というやつに完全に呑み込まれてしまって、当局者とやたらと仲良しになってしまうものさ。でも私は距離を取っていたいんだ」とレオポルドは言った。

オンライン・マガジン『ポリティコ』誌の国防関係が専門の編集者、ブライアン・ベンダーもそんな見方に同意する。ベンダーはワシントンで一〇年以上にわたって安全保障関係の問題を扱ってきたベテラン・ジャーナリストだ。「公安国家を取材するジャーナリストだったら、情報源へのアクセスと引き換えに代償を払わされることも多々ある」とベンダーも認める。「CIAにいきなり電話をかけて『記事を書いているんです。質問に答えてください』なんて言っても無駄だ。運がよければ協力もしてもらえるだろう。だがたいていの場合、CIAにとって好ましい、妙な真似はしない記者だと認めてもらっていなければ協力してはもらえないのさ」。

記事掲載を中止させるCIAの常套手段

スノーデンによる機密情報の暴露以降、一部の報道記者がますます激しく牙《きば》を剝《む》くようになってきたと、CIAはご不満だ。だがそれでも安全保障問題を担当する記者は、今でもＣＩＡのルールに従順な者が多い。遅くとも記事が出る前日にはＣＩＡの広報課に知らせる、という不文律を含めてだ。ワシントンの報道メディアは同盟諸国の情報機関にも同じように気遣いを示している。「イスラム国」のテロリスト「ジハーディ・ジョン」の正体に関する記事がその好例だ。ジャーナリストのジェームズ・フォーリーやスティーヴン・ソトロフ、援助団体職員のデイヴィッド・ヘインズ、アラン・ヘニング、ピーター・カッシグを含む、複数の人質を斬首した人物だ。〔日本人ジャーナリストの後藤健二、軍事会社経営者湯川遥菜両氏を殺害した人物〕『ワシントン・ポスト』紙のアダム・ゴールドマン記者が初めて報じたように、この覆面の処刑人は実はモハメド・エムワジというクウェート生まれのイギリス人だった[*2]（エムワジは二〇一五年一一月、シリアのラッカで米軍のドローンによる攻撃で殺害された）。ゴールドマン記者がエムワジの氏名を報道することをイギリスの情報機関に知らせると、当局者は二四時間待ってくれと求めたという。

理由は説明しなかったが、このケースの場合は妥当な対応だった。ゴールドマンは回想する――「私は当時は知りませんでしたが、エムワジの親族がリンチされないよう、イギリスから（クウェートへ）出国させる必要があったのです。私たちは政府の主張は常に真剣に受けとめます。筋の通った主張をしてくれれば、こちらが聞き入れることもあります。

私たちジャーナリストは、常に政府には一発見舞ってやるべきだという意見はもちろんありますよ。でもお互いの関係というものもありますからね。こちらがすべての情報をつかんでいないことだってあります。わずかな部分しかわかってない……一部は探り出したが、全貌は見えていない、というケースもあるわけです」。

これは掲載を取りやめさせたい記事に対してCIAが使う常套手段だ――その記事がCIA職員その他を危険にさらす恐れがあると主張するのだ。「ジハーディ・ジョン」をめぐるイギリスの情報機関のケースのように、報道の延期を求めるCIAの要請は明らかに合理的なこともある。だが多くの場合は、実に怪しいものだ。例えば二〇一二年、CIAの職員二人が外交官ナンバーをつけた車でメキシコ・シティの郊外を走っていたところ、路上で待ち伏せを受けて襲撃された。襲撃犯らは麻薬組織と通じていたとおぼしき私服の連邦警察官だった。運転していたCIA職員の巧みなハンドルさばきのおかげで、二人は辛くも逃げ延びた。この事件が報じられたとき、「アメリカ政府当局者」が襲撃されたと公表されたが、所属機関は明かされていなかった。イギリス人ジャーナリストのヨアン・グリロは当時、大手通信社（彼の希望で社名は伏せる）の仕事をしていたが、アメリカ麻薬取締局（DEA）のメキシコ駐在のトップに電話をしたところ、自分の部下ではないと言われた。

「アメリカ大使館が二人の素性を明かしていないことから、すぐに何か臭いと感じました」とグリロは言う。「DEAの国際作戦部でかつてトップを務めた人物に電話をしてみると、真実を明かしてくれました――二人はCIAだと」。グリロが編集部に知らせ、CIAを担当する記者がCIA本部に問い合わせた。すると電子メールできつい調子の返信があり、暗に二人が職員であることを認めたが、その情報を報じないよう強く念を押してきた。今回の襲撃事件を見ればわかるように、命に関わるからだ、と。グリロ記者はこう回想している――「編集部の幹部たちはすぐに怖気づき、なんと（私に）二人の所属先の情報はそれほど重要なのかと聞いてきたんです。結局、記事の報道はしばらく見合わせることになりました。すると一日もしないうちに、二人がCIA職員であるとメキシコの新聞が暴露したのです。おそらくメキシコ政府筋からのリークでしょう。私はスクープを逃したこと、そしてわが通信社があれほど簡単に脅しに屈したことに、失望しました。こうした事件の場合、CIAがいつまでも隠し通せるはずはないにもかかわらずです」。

棚上げされた『ニューズウィーク』誌のスクープ記事

ＣＩＡへの取材は競争が熾烈で、記事を出すのをためらっていると痛い目に遭う。『ニューズウィーク』誌のジェフ・スタイン記者も、それを身をもって学んだ。二〇〇八年二月、レバノンのイスラム武装組織ヒズボラ［イスラム教シーア派の原理主義武装政治組織で、現在は合法的な政党としても活動］の「黒幕」だったテロリストのイマド・ムグニヤが、シリアのダマスカスで自動車爆弾によって怪死した。ムグニヤは早くからレバノンその他でテロ活動の種を蒔き始めた人物だ。まだアメリカ人のほとんどはウサマ・ビンラディンの名前すら聞いたことがなかったころの話だ。ムグニヤは一九八三年のベイルートのアメリカ大使館と海兵隊兵舎への爆弾テロの首謀者だと考えられ、ＣＩＡの近東局長、ロバート・エイムズの誘拐殺人も彼の仕業だとされている。ムグニヤはさらに、一九九二年のブエノスアイレスのイスラエル大使館への爆弾攻撃や、二年後のイスラエル共済組合会館の爆破も仕組んだと疑われている。

二〇〇八年のムグニヤの死は、ムグニヤ本人だけを標的にして殺害するという完璧な暗殺で、イスラエルの情報機関のモサドによるものだと長年にわたって報道されてきた。ところが、実はこれがジョージ・Ｗ・ブッシュ大統領が直々に承認したＣＩＡによる暗殺だったと、『ニューズウィーク』誌のスタイン記者が突きとめたのである。*3 二〇一三年の秋、暗殺作戦に関する最後のディテールをまとめあげると、スタインはCIAから「ノーコメント」という型通りの反応を引き出すだけでは満足できないと考えた。安全保障問題のベテラン記者であるスタインは、今回のスクープはCIAの最高の働きぶりを示すものだと見て、協力を得られると踏んだのだ。CIAは暗殺や破壊活動など数々の前歴を持つ危険なテロリストを消したのだから。「正当化できる報復殺人というものがあるとすれば、まさにこれだ」と、スタインはCIAの当局者たちに言ったそうだ。「しかもこの爆弾は決して巻き添え被害が起きないように設計され、一般市民もムグニヤの家族も、ほかの誰も殺害する恐れがないものでした。ムグニヤだけをやっつけられるような形の爆薬ができるまで、技術陣が何度も試行錯誤を繰り返したことは間違いありません。それが私の口説き文句でもあったのです――クリーンな、正当化できる殺しであった、と」。

ところがスタインも驚いたことに、記事を掲載すれば海外のCIA職員がヒズボラに処刑される恐れがあると、CIAは言い張った。『ニューズウィーク』誌のジム・インポコ編集長はCIAの要請を受け入れ、記事の掲載を一時的に見合わせることに同意した。そしてそのまま棚上げしたのだ。数カ月が過ぎ、やがて一年が過ぎた。「場合によっては記事を掲載しても何の役にも立たず、誰かの命を危険にさらすだけのこともあります。そのため掲載を当面見合わせることはありますよ」とスタインも認める。「しかし連中はいつだって誰かの命を危険にさらすことになると言うんですよ」。二〇一三年一一月、CIA本部で開かれた会議の席上、最高幹部たちはこの記事を完全にボツにすべきだと「強く主張」した。「当時の地政学的な文脈から言えば、CIAの主張は大いに説得力があった」とインポコ編集長は述べた。

二〇一五年一月三〇日の金曜日の晩、スタイン記者がムグニヤ暗殺に関する記事の原稿を書き上げてから一年以上ものの、CIAの職員が苛だたしげな調子でスタインに電話を寄越した。『ワシントン・ポスト』紙が同じネタを握っており、CIAが掲載中止を訴えたにもかかわらず報道するようだと知らせてきたのだ。スタインはそれなら『ニューズウィーク』誌も当然ながら掲載すると答えた。するとCIAの職員は再び『ワシントン・ポスト』紙の記者に連絡し、同紙が記事を載せる予定であることを『ニューズウィーク』誌に漏らした、と伝えた。『ワシントン・ポスト』紙は問題の記事掲載の前倒しを決定。日曜版の新聞に載せる予定だったが、すぐにウェブ版で報じることにした。こうして金曜日の午後一〇時ごろ、アダム・ゴールドマンとエレン・ナカシマの連名の記事がオンライン・ニュースに掲載され爆弾を落とした。スタインはスクープ合戦で出し抜かれてしまったのだ。

両者の記事には多くの相違点があった。『ワシントン・ポスト』紙版のストーリーでは、実際に暗殺作戦の段取りをし、実行したのはCIAから依頼を受けたイスラエル側で、テルアビブの管制室から遠隔操作で行った、としていたのだ。『ワシントン・ポスト』紙のゴールドマンも、『ニューズウィーク』誌のスタインも、自分のバージョンが正しいとしている。「私には三人の非の打ちどころのない情報提供者がいて、彼らは引き金を引いたのはイスラエル側だと証言している」とゴールドマンは言う。

これに対してスタインは、「何分の一秒という精密さが必要な作戦を実行するには、テルアビブは遠すぎる」と反論する。「もっとも重要なのは、ムグニヤがダマスカスのどこにいるのか、その情報をイスラエル側がCIAに提供したという点です。あまりにも多くのアメリカ人を殺害したことに対し、CIAが直接ムグニヤに復讐できるようにしてやるためです。ギャング同士の友好的な取り引きみたいなものでした──まさに『ザ・ソプラノズ』［イタリア人のマフィアのボスが主人公のアメリカの人気テレビドラマ・シリーズ］の世界ですよ」。だがいずれにしろ、もはやスタインの特ダネではなくなっていた。

編集部がCIAの要請で記事を棚上げしたことを残念に思うかと、私はスタインに訊いてみた。

「イエスとノーです。二〇一三年一〇月に初めて記事のことをＣＩＡに伝えた時点では、掲載を見合わせるべき強力な論拠があったと、私も確かに認めました。ヒズボラ内には、尊大なＣＩＡに報復しようと騒ぎ立てそうな武装グループがいましたからね。しかし一年後には、ヒズボラはがっちりとレバノン政府の一部に組み込まれていましたし、『イラクとシリアのイスラム国』（ＩＳＩＳ）の台頭で、シリアではヒズボラとＣＩＡは事実上の同盟関係になっていたわけです。状況は変わったのだから、もう掲載できるだろうと私は思いました。でも私の出番は回って来なかったのです」

政府の言いなりにならなかったゴールドマン記者のスクープ

これまで『ワシントン・ポスト』紙のアダム・ゴールドマンは数々のニュースをすっぱ抜き、ライバル記者たちはもちろん、ＣＩＡにも苦い思いをさせてきた。最新の事例では、二〇一六年一月、ゴールドマンと同紙の同僚記者グレッグ・ミラーとがＣＩＡ内の「洗眼《アイウオッシュ》」と呼ばれる慣行についての特ダネを報じた[*4]。それは機密扱いの作戦について二通の矛盾するメモを局内で回すというものだ。そして本当のメモはごく限られた範囲の職員にしか見せず、事実上ＣＩＡがみずから職員を欺くことになる。意図的に虚偽の情報を流すガセネタ・キャンペーンをここまでやるとは、ＣＩＡの本気度が窺《うかが》える。拘束者たちに対するＣＩＡの拷問を調査していた上院の調査員らがこの慣行の存在に気づき、ドローンによる攻撃など、世界中の作戦に関する虚偽の報告をＣＩＡが局内に流していた事例が多数見つかったのだった。

二〇一二年、当時はＡＰ通信にいたゴールドマンは、同僚のマット・アプッゾ（現在は『ニューヨーク・タイムズ』紙記者）と一緒に、あるテロ計画の噂を聞きつけた。ウサマ・ビンラディンの死からちょうど一年となる五月一日に合わせ、アルカイダがアラビア半島で爆弾テロを計画しているというのだ。計画によれば、大西洋を横断するアメリカ行きの旅客機に爆弾を仕掛けることになっていた。ホワイトハウスとＣＩＡの両者からの圧力を受け、ＡＰ通信は一週間だけその記事の配信を控えることにした。「慎重な扱いを要する諜報作戦がまだ進行中だから」というのが理由だったと、ゴールドマンはのちに書いている。しかし情報源の人物から、爆弾テロ計画があることをアメリカ政府が公表する予定だと聞き、ＡＰ通信はオバマ大統領の公式発表の前日に記事を配信した。その結果、ゴールドマン、アプッゾ、そして彼らの情報源に関するＡＰ通信の電話記録が司法省に押収された。

ゴールドマンに言わせれば、いち早く事実をつかむと、時には強大な権力者たちの逆鱗に触れることもあるという。「そもそも私は当局者とのパイプを優先するアクセス・ジャーナリストではない」と、ゴールドマンは説明してくれた。「そういう連中はリアルな事実をつかめやしない。クソみたいなネタをもらうだけだ。その代わり私のようなやり方では情報源を失う覚悟も必要になる。実は多くの記者連中にはそれが一番のアホくさい心配の種なんだ。だがそんなのは仕方がないことだ。新たな情報源を見つければいいだけさ。第一、情報源を失ったこともないようなやつは、きっときちんと仕事をしていないんだろうよ」。

AP通信にいた当時、ゴールドマンとアプッゾのコンビはスクープで『ニューヨーク・タイムズ』紙を出し抜いたこともある。二〇〇七年にイラン沖の島で行方不明になったアメリカ人、ロバート・レヴィンソンに関するもので、同紙が六年間もお蔵入りさせていたネタだった。レヴィンソン失踪後、彼はタバコの密輸を捜査していた私立探偵だと、政府関係筋は記者たちに語った。しかし『ニューヨーク・タイムズ』紙のバリー・メイヤー記者がレヴィンソン家の弁護士にインタビューをしたことで、政府の作り話は破綻した。弁護士はレヴィンソンの安全を脅かすようなことは一切報道しないとの条件で、レヴィンソンに関する資料の閲覧を同紙に認めたのだ。すると実は、レヴィンソンはイランでスパイ活動をするためにCIAが雇っていた人物であることがその資料で証明された。一方、AP通信のゴールドマンとアプッゾもレヴィンソンとCIAのつながりを突きとめた。三年間配信を見合わせたのちの二〇一三年一二月一三日、ホワイトハウスと（レヴィンソンの出身地、フロリダ州選出の）ビル・ネルソン上院議員が報道しないよう訴えたのに抗して、AP通信はついに記事を配信した。一方『ニューヨーク・タイムズ』紙は、より政府の要望に従順だったがゆえに、ホットなスクープを逃したのである。

AP通信のキャサリン・キャロル編集長は公式声明を出し、記事を配信したみずからの判断の正しさを主張する論陣を張った――「レヴィンソンの行方に関する確たる情報が一切ない中で、報道が彼をリスクにさらすことになるかどうかを判断することは不可能でした。拘束者たちがレヴィンソンとCIAとの結びつきを知っていることはほぼ確実ですが、その拘束者が何者なのか正確にはわかりません。ですからレヴィンソンが担当しているCIAのミッションについて報道した場合、それが拘束者たちにとって意味のある情報なのかどうか、知ることは困難です。これはリスクがないという意味ではありません。しかしこれ以上の手がかりがない中で、私たちはこの情報の重要性が報道を正当化すると結論づけたのです」[*5]。レヴィンソン以前、もっとも長く拘束されたアメリカ人は、一九八五年にヒズボラによってレバノンのベイルートで誘拐され、六年後に解放されたAP通信の編集者、テリー・アンダーソンだった。本書執筆時点では、今も行方不明のままのレヴィンソンがその記録を更新している[*6]。

総合的に見れば、アダム・ゴールドマンの意見は正しい。安全保障問題を取材する記者たちの中で、既成の権力である情報機関が求めるゲームのルールに抵抗し、あるいは無視するような人たちこそ、もっとも優れたスクープをものにするのだ。だがそれには勇気を要する。アクセス・ジャーナリズムを退け、ＣＩＡと決別することは、メディアと公安国家の協力という長年の伝統に背くことになるからである。

第二章　神と国家のために

アメリカの報道メディアをＣＩＡがいかにがんじがらめにしているか、当時『ワシントン・ポスト』紙の記者だったカール・バーンスタインが一九七七年に驚くべき暴露記事を書いた。記事は二万五〇〇〇語の大作で、過去二五年の間にＣＩＡと密接に連携して仕事をしてきた多くの著名な報道機関幹部や記者を実名で報じた（中には有給でＣＩＡに雇われていた者もいる）。ＣＩＡがアメリカ人ジャーナリストを抱えて使うのは、ＣＩＡ憲章に真っ向から抵触する。アメリカの一般市民を対象にしたスパイ活動や宣伝工作《プロパガンダ》は禁止されているのだ。ジャーナリストらを抱え込むこうした手法を、ＣＩＡは「もっとも生産的な機密情報収集の手段の一つ」と見ていたと、バーンスタインは書いている。

『ローリングストーン』誌の暴露記事

大手報道各社は一九四七年のＣＩＡ発足以来、長年同局と連携してきた。それだけに、バーンスタインのような一匹オオカミのジャーナリストが沈黙の壁を打ち破り、衝撃的な暴露記事を書くまでに三〇年もの歳月が必要だったのである。しかもバーンスタインが記事を載せたのは『ワシントン・ポスト』紙ではなかった。同紙はバーンスタインがウォーターゲート事件の報道で有名になり、ピュリッツァー賞を受賞するきっかけを作った新聞だというのにだ。バーンスタインが問題の記事を寄稿したのは、彼の世代のカウンターカルチャーを代表する『ローリングストーン』誌だった。

『ローリングストーン』誌の暴露記事で、バーンスタインがかつて勤務した『ワシントン・ポスト』紙については目をつぶっているのは意味深長だ（同紙はＣＩＡにもっとも協力的なメディアの一つだ）。だがそれでもバーンスタインは、タイム社の創業者ヘンリー・ルース、ＣＢＳのウィリアム・ペイリー元会長、『ニューヨーク・タイムズ』紙のアーサー・ザルツバーガー発行人らを、ＣＩＡにとって著名な「報道界の資産」つまり協力者だったとして名指しし、それだけでもマスコミに激震が走った。[*1] そうしたメディア大手の経営幹部や編集者たちは、アレン・ダレスやリチャード・ヘルムズといった元長官らＣＩＡの大物たちと強い絆を築くことも多かった。彼らは部下の記者たちがＣＩＡへの情報提供者として活動することを容認し、時にはＣＩＡのスパイが海外で作戦行動をする際に、身分を偽装して記者に扮することにも協力した。

バーンスタインによれば、一九七三年を境に、ＣＩＡは国内外でアメリカ人ジャーナリストを直接抱え込むという慣習を「大幅に縮小」した。このため今ではアメリカ人の記者らを密かに雇い上げたり、記者としての活動を直接的に管理することはなくなった。ただし外国人ジャーナリストとなれば話は別だ。

「ＣＩＡと報道機関の関係は、一九七三年から一九七六年の間は本当に疎遠だったと言えるでしょう」と、かつてベトナムで長年にわたりマスコミ対応を担当したＣＩＡの元職員、フランク・スネップは回想する。ウォーターゲート事件の直後にＣＩＡのトップに就いたウィリアム・コルビーが、記者を「資産」として活用することを次第に控えるようになったのだという。その後、ジョージ・Ｈ・Ｗ・ブッシュ長官［一九七六〜七七年にＣＩＡ長官。一九八九〜九三年にアメリカ大統領］が公式に打ち切った。「ブッシュは今後はジャーナリストは雇わない、もう彼らに報酬を与えて『資産』とすることはない、と言ったわけです。だが外国人ジャーナリストは別だ、という留保つきです」と、スネップは述べた。

特にロンドンの報道各社は長年イギリスの情報機関による操作を受けてきたこともあり、アメリカの情報機関にもつけ入る隙《すき》を与えた。スネップは言う――「私はＣＩＡの工作員として、（イギリスの）記者たちに情報を吹き込み、彼らはそれを『エコノミスト』誌に書いたのです。実際、私が書いた原稿がそのまま『エコノミスト』誌に載ったこともありますよ。何もＣＩＡが同誌をカモにしていたとは言いませんが、われわれが書くものを載せるのに都合がよかったことは確かです」。

CIAの違法活動を伝える極秘報告書

一九七三年、その年の初めにリチャード・ヘルムズに替わってCIA長官に就任したジェームズ・シュレシンジャーは、同局の違法活動をすべてリストアップするよう職員らに命じた。七〇〇ページ近くにもなったその報告書はCIA内部では俗に「一家の恥」ファイルとして知られるようになった。明らかにされた事実の中で特にショッキングだったのは、CIAによる外国首脳らの暗殺計画だ。そこにはキューバの当時の国家評議会議長フィデル・カストロやコンゴのパトリス・ルムンバなどが含まれていた。カストロ暗殺は失敗に終わったが、コンゴのカリスマ・リーダーだったルムンバは虐殺された［コンゴの独立運動で活躍した初代首相。のちに大統領となったモブツらの軍事クーデターを受けて一九六一年に殺害］。また、これらよりは印象が薄いが、CIAのスパイがアメリカ人ジャーナリストたちの活動を監視していたことも明かされた。

一例を挙げれば、一九七一年、ヘルムズCIA長官は『ワシントン・ポスト』紙のマイケル・ゲトラー記者を監視するよう命じた。報告書によれば、「(尾行など通常の)物理的監視に加え、スタットラー・ヒルトン・ホテルに拠点を設置し、ワシントン・ポスト本社ビルを常時監視できるようにした」という。そして「彼のコラムにはCIAが重視する機密情報が何度か登場していたが、監視はゲトラーの情報源を見極めるためだった」と報告書は記している。同様に、一九七二年の二月から四月にかけても、ＣＩＡはヒルトン・ホテルをスパイの拠点として利用し、スキャンダルを暴くのが得意なコラムニストのジャック・アンダーソンと、彼が「調査係《レッグマン》」として使っていたブリット・ヒューム（現在はフォックス・ニュースの政治アナリスト）、レズリー・ウィッテン、ジョセフ・スピアーらを密かに監視していた。報告書によれば、「大手各紙に配信されるアンダーソンのコラムには、ＣＩＡの極秘情報が出ていることがあったが、その情報源を見極めようというのが監視の目的だった」。

ヘルムズ長官はこうした違法活動を命じていながら、ＣＩＡに関する報道について職員らに嘘をついた。一九七一年九月一七日、ヘルムズは職員に対する年度当初の演説で次のように述べた――「ご存じのとおり、去年の冬、私はアメリカ新聞編集者協会でスピーチをしましたが、目的はたった一つ。いくつかの案件を公式に否認しておくためでした。そろそろ公式記録に載せておきたいとわれわれが思っていたことです。私の否認の弁は信用してもらっていい。いずれも真実だ。われわれが麻薬の密売をしていないこと、国内の市民に対してスパイ行為などしようとしていないこと、電話の盗聴もしていないこと、さらにわれわれがやっていると非難されているその他の多くのこともやっていないこと。それを示す必要があるときには、私の発言をどんな文書で使ってもらっても構いません。……機会があれば、批判に対して声をあげる気がある諸君はぜひそうして、事実をはっきりさせてもらいたいと思います」。

CIAとメディアの攻防——ベトナム戦争「フェニックス作戦」の真実

一九七二年、ＣＩＡの元サイゴン〔現ホーチミン〕支局長のウィリアム・コルビーも、ヘルムズの呼びかけに応えた。翌一九七三年にはジェームズ・シュレシンジャーから長官を引き継ぐことになる同局の幹部である。コルビーは『パレード』誌の編集者のロイド・シアラーに手紙を送り、ベトナム戦争に関連したＣＩＡ最大の機密情報収集活動である「フェニックス作戦」は「暗殺」作戦ではない、と否定したのだ〔フェニックス作戦はベトナム戦争中、いわゆるベトコン（南ベトナム解放民族戦線）を「無力化」することを目的としたＣＩＡの作戦で、逮捕、監禁、拷問、殺害などが行われたとされる〕。これに対して、人のいいシアラーはこう返信した——「フェニックス作戦に関する一月一一日付けのご丁寧かつ情報に富むお手紙に感謝します。インドシナにおける政治家暗殺について、フェニックス作戦に加わっているわが国のＣＩＡおよびその他の諸機関について、私は長々と言葉の応酬をするつもりはありません。ただ、ＣＩＡがインドシナにしろどこにしろ、政治家暗殺という手段をこれまで一度も使ったことがないこと、またそのような戦術や手段を用いるように仕向けたり、関与したり、示唆したことも一度もないことを、あなたがきっぱりと言ってくれないものかと、私は思っているわけなのです。あなたが宣誓の上、きっぱりとそう言ってくれるなら、私は謝罪するだけでなく、一四番通りとＦ通りの角のガーフィンケル（百貨店）の一番大きなショーウィンドーの中でリチャード・ヘルムズとタンゴを踊って見せますよ――もちろん、ヘルムズ夫人のお許しがあればですが[*2]」。

コルビーも果敢に挑戦を受けて立った――「私は、必要とあらば宣誓の上で、ＣＩＡがこれまで一度も政治家暗殺を実行したことはなく、実際に起きた件で仕向けたり、関与したり、示唆したりしたこともないと言うことができます。これであなたの挑戦に十分お応えできたかどうか、私にはわかりませんが（タンゴと同じくけんかは一人ではできませんからね）」。

二人のやりとりはこれで終わったらしい。コルビーの返信の写しがＣＩＡの例の「一家の恥」と呼ばれる極秘報告書の中に保存されていたが、当時のＣＩＡの広報部長、アンガス・トゥアマーのメモがついており、「この件はもうおしまいにしましょう」とコルビーに進言していた。賢明なアドバイスだった。なぜならＣＩＡの「フェニックス作戦」は実際に拷問と暗殺を行う作戦だったのであり、ベトコンの幹部や工作員と疑われた二万六〇〇〇人の命を奪ったのだ。そこにはかなりの数の罪のない民間人も含まれていた。

CIAはこうして報道陣を騙した

ＣＩＡの元ベテラン工作員、フランク・スネップは、ベトナムに五年間駐在し、報道陣へのブリーフィングや「フェニックス作戦」で拘束した重要人物への尋問を担当した。スネップは一九七五年四月、最後にベトナムを脱出したＣＩＡ職員の一人だった。ちょうどいわゆる「一家の恥」極秘報告書の内容が明るみに出て、スキャンダルになろうとしていたころのことである。ベトナム戦争中、スネップほどＣＩＡによるメディア操作に深く関わっていた人物はいない。最近スネップはその手法を説明してくれた。

「虚偽情報《ディスインフォメーション》の提供の仕組みはこんな具合でした。例年敵が侵入してくる乾季、つまり秋のことだとしましょう。われわれは報道陣に対し、『まさに敵の部隊六万人がラオスから国境を越えて南ベトナムへ進軍してきたところだ。だからさらなる支援が必要なことを議会に認めてもらいたいのだ』と伝えます。ですが最新の推定値によれば国境地帯における敵軍の死傷者が六万人だということは教えません。つまり、北ベトナム軍が大挙して戦闘地域に移動中だ、とだけわれわれは言うわけですが、実は敵は死傷者の分を補充しているにすぎなかったのです。でもそれを認めてしまったら、毎年追加予算を採択してもらうよう議会を説得することなど、不可能だったでしょう。報道陣はわれわれが真実の半分しか伝えていないことを正しく分析できない限り、共産主義者どもが大軍を南下させていて、議会が追加支援を認めない限り南ベトナムは征服されてしまう、と考えてしまうのです。私の任務はこんなことでした」

CIAお抱えのジャーナリストたち

スネップによれば当時、CIAとしては雇い上げるほどではないが気に入っている、という記者もいれば、密かにCIAのために働いてもらっている記者もいたという。「力を貸してくれる人、つまり友好的な反応を期待できるという程度の人たちもいれば、完全にとは言わないまでも、ほぼCIAの『資産』と言うべきジャーナリストたちもいたのです」と、スネップは語った。

大手各社に配信されるコラムを書いていた知る人ぞ知るコラムニスト、ジョセフ・オルソップが後者の一例だ。ワシントン近郊のジョージタウンの自宅はスパイ、政治家、そしてメディアのエリートたちの溜まり場だった。バーンスタインが一九七七年の『ローリングストーン』誌の暴露記事で明かしたとおり、オルソップは単にＣＩＡと親密だっただけでなく、実際にＣＩＡから報酬を受け取っていたのだ。こうしたＣＩＡとの共謀関係をバーンスタインが追及すると、オルソップはＣＩＡへの協力は愛国的な義務であり、誇りに思っている、と答えた――「新聞記者たるもの、自分の国に対して義務を負っていないなどと考えるのはバカげている」と。

スネップによると、一九六九年か一九七〇年、オルソップ記者はベトナム戦争の戦況についてブリーフィングを受けるためにサイゴンに到着し、駐ベトナムアメリカ大使の家に滞在した。スネップはＣＩＡのサイゴン支局長のテッド・シャクリーから、オルソップへのブリーフィングを命じられた。その晩、スネップが大使の自宅に行ってみると、オルソップは女性用のガウン姿で出迎えた。オルソップが実は同性愛者で女装趣味があることをスネップはこのとき初めて知ったが、ほかのサイゴン駐在のＣＩＡ職員たちには周知の事実だったという。オルソップはＣＩＡ本部お気に入りのジャーナリストでもあり、スネップが間もなく気づいたとおり、しばしば内部情報の提供を受けていた。若き報道担当官だったスネップがＣＩＡの最新のプロパガンダのネタをオルソップに話そうとすると、オルソップはまだ機密扱いの事実を挙げて、鋭くスネップの発言を訂正したという。「あの晩は目も当てられない状態になってしまいました。私はあの男の部屋から逃げるように退散しましたが、出口で海兵隊の守衛たちがぴしっと気をつけをして見送ってくれたのを覚えていますよ」と、スネップは笑いながら回想した。「私がCIAの支局に戻ると、シャクリーを含め全員が腹を抱えて大笑いしていました」。オルソップはとにかく頼りがいのある「資産」だったため、CIAは長年つき合ってやってるのだ、とシャクリーはスネップに言ったという。

『ニューズウィーク』誌のアルノー・ド・ボーチグレイブも、CIAの「資産」という裏の顔を持っていた一人だ。のちには保守系の『ワシントン・タイムズ』紙の編集長になった人物である。「彼はわれわれが与えたものは何でも記事にしてくれて、取材中に知り得たこともすべて明かしてくれました」とスネップは言う。一九六六年から一九七五年まで、『USニューズ・アンド・ワールド・レポート』誌のサイゴン支局長を務めた「バド」ことウェンデル・S・メリックも、CIAととても「仲が良かった」ことをスネップは覚えている。「報酬を支払ってやっているCIAの『資産』ではなかったと思いますが、でもわれわれの一言一句に熱心に耳を傾けてくれました。もう一人、われわれにとってずば抜けて重要な情報提供者は、『ニューヨーカー』誌のロバート・シャプレンでした。彼はすばらしい情報源を持っていました」と、スネップは言う。さらに『ロサンゼルス・タイムズ』紙サイゴン支局長のジョージ・マッカーサーもいる。アメリカ大使の秘書だったエヴァ・キムとつき合ったのちに結婚した男だ。「ジョージは彼女の恋人でしたから、当局者へのアクセスという点では他の追随を許しませんでした」とスネップは当時を回想した。「私はいろいろな立場でこうした人たち全員のお世話をしたわけですが、主な役目は報道陣へのブリーフィングでした。彼らの前に出て、部隊の展開だの何だのについて話してやるのです。私は若造でしたが、大使に信頼されていましたし、アメリカの利益になると思われることをリークするよう、命じられていたのです」。

ベトナム戦争末期のCIAのガセネタ・キャンペーン

ベトナム戦争終結の一年前、一九七四年の停戦中、スネップは南ベトナム側を優勢に見せるように「料理」された機密情報をリークし始めた。見込みのない戦いに資金を注ぎ込み続けるよう、議会を説得するためだ。スネップによると、ベトナムに残っていた報道陣はわずかで、騙すのは簡単だったそうだ。記者たちにはＣＩＡの作り話を検証する方法がなかったのだから。「ベトナム戦争の末期、われわれは報道陣を箱に閉じ込めていたようなものでした。ジャーナリストたちはＣＩＡが言うことを真実として受けとめるしかなかったのです」とスネップは説明する。北ベトナム軍が南へ押し寄せてくる中、あえて戦場へ出ていこうとするジャーナリストは稀だったのだ。「彼らは大使館やＣＩＡの配布資料を入手するために、完全にわれわれに依存していました。われわれの情報の奴隷だったのです。しかもさらに重要なのは、われわれが『ＵＳニューズ・アンド・ワールド・レポート』誌にしろどこにしろ、サイゴン支局の通信を盗聴していたことです。連中が何を書いているかを知っておくことで、彼らの状況認識にまずい点があれば、そこをねらってブリーフィングを仕組むことができたわけです」。

ＣＩＡはサイゴンが北ベトナムの手に落ちるまさにその日まで、ガセネタ・キャンペーンを続けたが、戦後はそれを隠蔽しようとした。「すべてを葬り去ろうとしたのです」とスネップ。「それまでに起きたことをすべて葬ろうとしました。ＣＩＡとフォード政権は、北ベトナムの共産主義者の連中が戦争の最終盤で作戦を変更した、という作り話を広めるプロパガンダ・キャンペーンを展開しました。ＣＩＡは報道陣に嘘をつき、議会に嘘をついていたのです。キッシンジャー国務長官も嘘を言っていたし、フォード政権は実際に起きたことをねじ曲げて伝えていた。私は心底憤慨しましたよ。だからＣＩＡを退職したんです」。

明かされたＣＩＡの違法活動と恐るべき技術力

ＣＩＡ内で「一家の恥」として知られた極秘報告書はウィリアム・コルビー長官がオフィスの金庫にしまい込んでいたため、外部に知られることはなかった。ところが報告書が作成された翌年の一九七四年一二月二二日、調査報道記者のシーモア・ハーシュがその内容を『ニューヨーク・タイムズ』紙ですっぱ抜いた。一面トップの大見出しの下に、いかめしい表情のヘルムズ、シュレシンジャー、コルビーの公式写真を並べたこの記事で、ハーシュはこう明かした――「信頼すべき政府当局筋によると、中央情報局は、同局の憲章に真っ向から抵触する形で、ニクソン政権時代にアメリカ国内の反戦運動グループその他の反政府組織に対し、違法な国内諜報作戦を大々的に行っていた」。

ＣＩＡにとっては厄介な問題は翌年も続いた。アイダホ州選出のフランク・チャーチ上院議員とニューヨーク州選出のオーティス・パイク下院議員の音頭により、ＣＩＡの違法行為に対して議会が公式な調査に乗り出したのだ。二度にわたる議会の調査で、違法行為に関する報告書が一八件も提出された。チャーチとパイク両議員によるこうした一連の報告書を受け、議会はCIAに暗殺作戦の計画および実行を禁止した（この禁令はやがてロナルド・レーガン大統領が撤廃することになる）。そして同局を議会の監視下に置くことになり、パイク委員会から発展した「下院情報問題常設特別調査委員会」と、チャーチ委員会を受け継いだ「上院情報問題特別調査委員会」が設置された。CIAに課された改革には次のようなものがあった――CIAは今後アメリカ人ジャーナリストを直接雇い上げることはできず、国内の報道メディアに資金提供その他によって取り入ってはならず、アメリカの一般市民をねらったプロパガンダ作戦を実施してはならない。

一九七五年八月、チャーチ上院議員はみずからの調査に続いてワシントンのメディア各社を見回っていた際、アメリカの民主主義に対してオーウェル的な［イギリスの作家ジョージ・オーウェルの小説『一九八四年』を思わせる全体主義社会のこと］脅威となっているのはCIAだけではない、と断言した。名指しこそしなかったが、国家安全保障局（NSA）という正体があいまいな機関の、急速に拡大しつつある恐るべき技術力について、アメリカ国民に警告を発した。NBCテレビの『ミート・ザ・プレス』［日曜日の朝に放送されている報道・討論番組］に出演したチャーチ上院議員は言った――「アメリカ政府は潜在的な敵の動向をつかむための技術開発を迫られてきたが、その結果、空中を行き交う通信メッセージまでも監視《モニター》できる技術を完成させた」[*3]。あのスノーデンが同じような警告を発する四〇年も前である。スノーデンもこう言っている――「同時に私たちが知っておかなければならないのは、技術はいつでも逆に、私たちアメリカ国民に向けられる可能性があるということだ。そうなればどんなアメリカ人にもはやプライバシーなどなくなってしまう。すべてを監視できる技術とはそれほどのものなのだ――電話の通話、電報、何でもだ。隠れる場所などなくなってしまうのだ」。

短命に終わった攻撃的報道の時代

およそ三〇年にわたって思うままに権力を振るってきた末に、アメリカのスパイ帝国CIAは、調査報道記者や議会のお目付役らに見苦しい実態を暴かれ、鼻っぱしらをへし折られることになった。しかしこうした国家安全保障に関わる問題に対して、アメリカの報道メディアの攻撃的な姿勢は長続きしなかった。一九七〇年代には、バーンスタインやハーシュのような腕っ節の強い記者は世間に賞賛され、編集者にもてはやされた。ハリウッドも、スキャンダルの暴露で鳴らすジャーナリストを文化的な象徴に祭り上げた。だが一九八〇年代初頭になると、ロナルド・レーガンを筆頭に保守反動勢力が勝利を収めていった。すると権威に対して疑問を突きつけたり、突っ込みすぎるきらいのあるジャーナリストは、メディア産業の世界では流行遅れになってしまった。そしてそんな記者たちはやがて気づくことになる――権力に向かって真実を述べると、記者人生をめちゃくちゃにされてしまうこともあるのだと。

CIAが雇ったニカラグア反政府ゲリラの宣伝マン

一九八〇年代のCIAとホワイトハウスによるメディア操作のもっとも顕著な事例は、ニカラグアの反政府武装組織「コントラ」をめぐるものだ。この反政府ゲリラ組織は一九七九年、ニカラグアのサンディニスタ革命〔四〇年以上も続いたソモサ家の独裁支配を左派武装勢力のサンディニスタ民族解放戦線（FSLN）が覆し、政権を握った革命〕の発生を受け、隣国ホンジュラスで結成された。アメリカのレーガン大統領は彼らを「自由の戦士たち《フリーダム・ファイターズ》」と呼んだが、実際はCIAが資金と訓練を提供した民兵組織にすぎなかった。この組織を民主的に見せる「顔」を務めたのは元神父でハーバード大学を出たエドガー・チャモロ。ニカラグアの名家チャモロ一族の出身だ。当初はサンディニスタ側を支持していたチャモロだが、革命後にはニカラグアを脱出し、フロリダ州マイアミで広告会社を立ち上げた。そんなとき、いわゆるニカラグア民主軍〔当時のコントラの主要組織〕に新設さ

ニカラグアの反政府武装組織「コントラ」。1986年撮影。

れた幹部会の公式な報道担当スポークスマンに と、CIAがチャモロに声をかけた。広報宣伝活動に長けたチャモロならばコントラのマイナス・イメージを覆してくれるだろうと、CIAは期待したのだ。当時コントラは暴虐な振る舞いと麻薬取り引きのおかげで評判の急落をみずから招いていたのだった。

一九八七年の著書『コントラに美装を施す』(原題 *Packaging the Contras*)でチャモロも回想しているとおり、CIAは彼を「便利なツール」と見た。記者会見の前にはCIAの訓練係が念入りにリハーサルをさせ、何よりも強調されたのは、コントラがアメリカの資金援助を受けているということは、いついかなるときでも否認しなければならない、ということだった。

チャモロは説明する――「CIAのアドバイザーが私にこう言った、『例えばある記者が、チャモロさん、あなたがたはアメリカ政府からお金を受け取っていますかと質問してきたとしよう。どう答えるか』と。私は初め『イエス、いくらか受け取っています』と言うつもりだった。だが、ノーと答えろと言うのだ。大勢の個人から金を受け取っていると言えと。われわれの活動を支持しているが、プライバシーを守るために匿名を希望している人たちからだ、と」。

CIAはさらに、チャモロやほかのコントラのリーダーたちがアメリカ政府当局者と会ったことがあるか、あるいはコントラはニカラグアのサンディニスタ政権の転覆を少しでも望んでいるか、といった質問にもノーと答えるようチャモロに指導した。そうではなく、彼ら反政府武装組織はただ単にニカラグアに「民主的諸条件を創り出す」ことを望んでいるのだと、コントラの「顔」として報道陣を教え諭せと、チャモロは言われたのだった。

チャモロの最初の記者会見が開かれたのは一九八二年一二月七日、フロリダ州フォート・ローダーデールのヒルトン・コンベンション・センターだった。CIAの予想どおり、集まった記者たちはコントラに対するアメリカの密かな援助について、チャモロを質問攻めにした。チャモロの回想録によれば、「こう訊いてくるはずだと私が聞かされていたとおりのこと」を記者たちは質問した。「私もニカラグア民主軍の幹部会のスポークスマンとして、記者たち（の端的な質問）に劣らずはっきりと答えたが、その多くは実はまったく虚偽だった」[*4]。

虚偽の情報を流すCIAの戦略はすぐに効果を発揮した。記者会見の翌日の一二月八日、『マイアミ・ヘラルド』紙はこう報じた――「幹部会のメンバーらはニカラグア民主軍の特殊部隊がCIAの支援を受けているとの報道を否定し、アメリカの中立法に違反したくないとして、軍事行動に言及することを拒んだ」。その翌日、『ニューヨーク・タイムズ』紙もコントラのリーダーの一人、エンリケ・ベルムデスとの独占インタビューで続いた。同紙の記事によれば、「（ベルムデスは）アメリカ国内にいる間は軍事作戦について語ることには慎重でありたいと述べた。アメリカの法律、具体的には中立法は、民間組織が外国政府の転覆のために活動することを禁じているからだという」。ここでもまた、コントラはレーガン政権の世話にはなっておらず、多くの個人の資金源から金を得ている、という作り話が貫かれた。

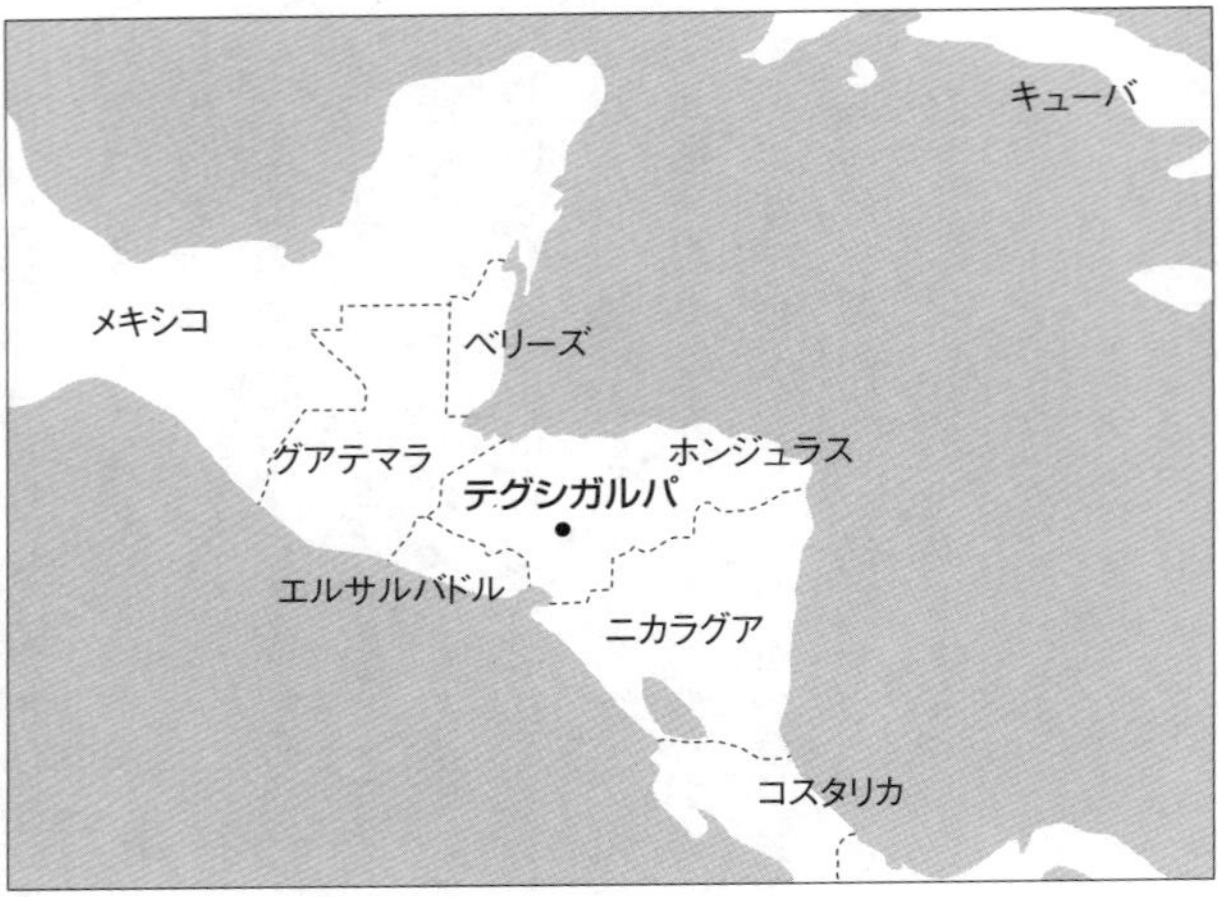

隣国ホンジュラスを拠点にしたコントラの宣伝作戦

コントラの広報宣伝キャンペーンを立ち上げるためにCIAに協力したのち、チャモロはダミー会社を通じてCIAから半年で三〇万ドルの提供を受ける契約を新たに結び、ホンジュラスの首都テグシガルパにオフィスを開設した。チャモロはメディアとのインタビューに備えて要点をまとめた「ファクト・シート」を用意。それは「この地域におけるソ連の利害関係」「外国人工作員」「全体主義」など、サンディニスタ政権がもたらす脅威を説明するキーワードが満載だった。*5

一九八三年三月、中米歴訪中のローマ教皇ヨハネ・パウロ二世はニカラグアへ入った。すると「民衆に権力《パワー》を！」「平和がほしい」と叫びながらアメリカのレーガン政権を糾弾する群衆に、教皇の言葉はかき消された。これに対して教皇は「静かにしなさい！」と何度も叫び、ニカラグアの人々は本来なら司祭たちと親密であるべきなのに、サンディニスタ政権は人々を教会から遠ざけているではないか、と叱りつけた。[*6] おかげで世界のカトリック信者たちの間で、サンディニスタ政権のイメージは激しく傷ついた。このようなマイナス・イメージを生み出すためにCIAが裏で音頭を取っていた可能性がある。

かつて一九五四年、CIAは民主的に選ばれたグアテマラの政権を崩壊させたことがある［農地改革などの革新的政策を進めてアメリカと対立を深めていたアルベンス政権に対し、CIAに支援された武装勢力が侵攻し、クーデターで軍事政権を樹立した］。そのときの戦略そのままに、CIAはニカラグア向けに放送を流す秘密のラジオ放送網を構築した。さらにチャモロが発行する地下出版物のニュースレターの『コマンド』誌などもあり、それには片手にライフル、もう一方の手には聖書や十字架を持つコントラのメンバーたちの写真が掲載されていた。

CIAと協力し、チャモロはコントラを宣伝するしゃれたパンフレットを四カ国語で作成。ヨーロッパ各国のキリスト教民主党系の政治家たちと次々と会見しながらヨーロッパ中にばら撒いた。チャモロが説明したように、政治家たちとの会談そのものはどうでもよかった。しかもこのプロパガンダのターゲットはヨーロッパの人々ですらなく、アメリカ人なのだった。アメリカの同盟諸国がコントラを歓迎していることを示し、国際的な正当性があるように見せかけようというのだ。「こうした一連のイベントはアメリカ国民へ影響を及ぼすために仕組んだのだが、この戦略のもう一つの重要な要素は、ヨーロッパの報道機関を利用することだった」とチャモロはつけ加えた。「できるだけヨーロッパの新聞各紙で報じられるよう、われわれは努力した。なぜならそうした記事はアメリカの新聞に転載されるか、記事について報じられるかするはずだと、わかっていたからだ[*7]」。

テグシガルパのマヤ・ホテルを作戦本部に、チャモロはニカラグア内戦を取材する欧米の記者たちと頻繁に会った。そしてアメリカの主要なテレビ・ネットワークや新聞、『タイム』誌や『ニューズウィーク』誌などの雑誌に格別な便宜を図ってやった。『タイム』誌は確実にコントラ支持だったが、それに比べると『ニューズウィーク』誌の記事は批判的だった。だが何も書かないよりは、ただコントラに着目してくれるだけでも、『ニューズウィーク』誌はコントラの報道価値を上げてくれたのだとチャモロは指摘する。

一九八三年六月二〇日、チャモロは『ロサンゼルス・タイムズ』紙のダイアル・トーガーソン記者とフリー・カメラマンのリチャード・クロスと会った。戦闘の最前線へ行く方法をアドバイスしたのだ。翌日、自動車の下で地雷が爆発して二人は死亡した。現場は国境のホンジュラス側で、地雷のタイプからもコントラのものだと推定された。だがＣＩＡが流した虚偽の情報を元に、各種報道はサンディニスタ政権の仕業だとした。『マイアミ・ヘラルド』紙も『ニューヨーク・タイムズ』紙も、爆発は携帯式ロケット弾（ＲＰＧ）によるもので、国境のニカラグア側から発射されたと、誤って報じたのだった。*8

幻に終わったコントラの「チェ・ゲバラ」

チャモロは一九八四年、コントラの政治リーダーたちに嫌気が差し、軍事部門の目に余る人権侵害もあり、コントラを離れた。決断の最後のひと押しとなったのは、ＣＩＡが作成した『ゲリラ戦における心理作戦』という九〇ページのマニュアルだ。これは「プロパガンダ的効果をねらった選択的暴力」の使用方法や、サンディニスタ政権高官を「無力化」する方法［事実上、殺害することを意味する］などについて、コントラ側に助言を与えるものだった。だが本来ＣＩＡとしては、無差別的な暴力行為は非生産的だとして、コントラにそうしたテロ行為を控えさせるためにこのマニュアルを作ったのは明らかだったから、皮肉なものだ。具体的な点で言えば、チャモロはこのＣＩＡのマニュアルから暗殺に関する記述をすべて削除しようとしたが、ニカラグア民主軍の幹部たちに反対され、コントラを去ることにしたのだという。

チャモロはまた、プロパガンダのプロとして最高の栄誉の瞬間を味わい損なったことも嘆いた。チャモロはCIAがコントラ兵士の模範として担ぎ上げることのできる、チェ・ゲバラのような実在のヒーローを作り上げようとしていた。そうすればアメリカからます
ます資金援助を呼び込めると踏んだのだ。チャモロはニカラグア民主軍きっての勇猛な戦闘員を挙げてくれと、コントラのリーダーの一人であるベルムデスに頼んだ。そして候補者の中から、「スイシーダ」（自殺という意味）の偽名で知られるペドロ・オルティス・センテノを選び出したのだった。センテノはかつてのアナスタシオ・ソモサの独裁政権時代、残虐行為で知られた国民軍に属していた兵士だ。チャモロはそのセンテノについて「熱狂的な献身性を持つ戦士であり、戦場ではほとんどクレージーだ」と評している。『ニューズウィーク』誌のジェームズ・レモイン記者（かつては『ニューヨーク・タイムズ』紙の特派員としてベトナム戦争を取材したベテラン記者）も『ワシントン・ポスト』紙のクリストファー・ディッキー記者も、センテノのことを記事にする気になっていた。チャモロは言う――「記者たちはわれわれを利用してスクープをものにするつもりだったが、実は

こちらが思惑どおり彼らを利用していたのだ。しかし私の計画にとっては不幸なことに、スイシーダの残虐性のほうが彼の戦士としての才能よりも目についてしまった。そして彼の人権侵害行為の数々が厄介な問題となった。そこでコントラがそうした国際法違反を懸念しているかのように外見を取り繕うために、スイシーダは『軍法会議』にかけられた。その年の暮れには、コントラのヒーローとして私が思い描いていた男は処刑されてしまったのだ[*9]」。

外交広報局を裏で操ったCIA

CIAがコントラに関するプロパガンダ作戦でしくじって以来、その任務は公式上、国家安全保障会議（NSC）の外交広報局（OPD）［正式には国務省のラテンアメリカとカリブ海地域に関する外交広報局（S／LPD）］へ移ったが、現実には相変わらずCIAが裏で差配していた。名目上、キューバからの亡命者で右派のオットー・ライクがOPDのトップに座っていたが、実際の「頭脳」はウォルター・レイモンドだった。CIAきってのプロパガンダの専門家で、一九八二年にNSCへ異動になっていた。「このCIAの男がすべてを差配していただけでなく、米軍の心理作戦の専門家たちもOPDに異動させていました」と、ジョージ・ワシントン大学の独立調査グループである国家安全保障アーカイブの上級アナリスト、ピーター・コーンブラーは指摘する。OPDの専門家たちは各地のアメリカ大使館発の機密電文を解析し、サンディニスタ政権やエルサルバドルの左翼ゲリラに関するちょっとした機密情報を探しては、細工してプロパガンダ的な価値を盛り込んだ。「彼らは記者発表資料の参考にできるような報告書を書いたりしていました。それらが記事を通じて公になれば、サンディニスタ政権を貶《おとし》めることができるわけです」とコーンブラーは解説する。

OPDのやり口は心理戦に革命を起こしたと言える。ただ世間一般に向けて広くプロパガンダを展開するのではなく、まさに記者や編集者たちを狙い撃ちしたのだ。かつてのようにCIAがそうした活動を担っていたころなら、記者に記事を書かせるには電話を一本入れるか、ランチでも共にすればこと足りた。だがレーガン政権時代に報道機関との癒着を暴露されて恥をかいて以来、CIAは新たなプロパガンダの手法を用いざるを得なくなった。今やCIAは都合のよい記事を書いてもらうために、記者たちに働きかけ、甘言を弄したり、あるいは逆に脅しつけたりするようになった。こうしてCIAのプロパガンダの専門家たちは「CIAが望むような報道をしていない報道機関や特定の記者に、あからさまに圧力をかけたのです」と、コーンブラーは言う。

アメリカ政府に睨まれた記者たち

一九八〇年代、エルサルバドルやグアテマラのような軍事独裁政権下の国々では、現地のジャーナリストが日常的に拷問、失踪、処刑の犠牲になっていた［両国の政府はニカラグアと異なり、右派の親米軍事政権で、両国の内戦でレーガン政権は軍事政権側を支援した。どちらも一九九〇年代の冷戦終結後に内戦が終わった］。そうした中米諸国を取材するアメリカ人の記者はたいてい安全だったが、取材はその性質上、リスクとストレスを伴い、中には殺害の脅迫を受けて追い出された記者もいた。だがそれに加えて、中米におけるＣＩＡの活動やアメリカの政策を批判的に報じた記者は、レーガン政権のメディア担当者から「問題視化《コントロバーシャライズ》」［問題視すべき対象として目をつける、という意味の政府当局者たちが作り出した独自の隠語］されることを覚悟しておく必要があった。

コーンブラーによれば、公共放送局ナショナル・パブリック・ラジオ（ＮＰＲ）の記者二人が政府から目をつけられたことがあったという。レーガン政権が関与している中米地域の戦争について、二人の報道の論調が批判的すぎるとＯＰＤは見たのだ。その結果、二人のニュース・リポートは要注意としてマークされ、ＯＰＤのオットー・ライク局長が首都ワシントンにあるＮＰＲの本社を訪れ、政府の強い不満を表明したという。

レーガン政権は『ニューヨーク・タイムズ』紙のレイモンド・ボナーと、『ワシントン・ポスト』紙のアルマ・ギレルモプリエトの両特派員にも強い圧力をかけた。アメリカが訓練を施したエルサルバドル軍のエリート大隊が、寒村のエル・モゾテで丸腰の住民九〇〇人を無残にも虐殺。二人の特派員はこの事件を暴く記事を書いていたのだ。報道を受けて、ホワイトハウスは躍起になって裏で手を回し始めた。できるだけ多くの著名な記者たちに声をかけ、二人の記事はデタラメだと、あるいは虐殺を行ったのは反政府ゲリラのファラブンド・マルティ民族解放戦線（FMLN）だと、説得しようとしたのである。『ニューヨーク・タイムズ』紙は最終的にはボナーをエルサルバドルから無理やり帰国させ、ビジネス欄の担当に配置転換した――ただし同紙はボナーの記事に誤りがあったとは一切認めておらず、ボナー本人も同紙も、配置転換は記者たちの担当を定期的に入れ替える人事異動で、通常の社内方針に従ったにすぎないと主張している。

OPDに睨《にら》まれたアメリカ人ジャーナリストの中でも、AP通信のロバート（ボブ）・パリーほど凄まじい怒りを買った者はいない。私が最近インタビューしたところ、パリーは「問題視化」するという造語を初めて耳にしたときのことを振り返ってくれた。一九八〇年代半ば、OPDのロバート・ケイガンと親しく話している中でその言葉が飛び出したという。ケイガンは今や著名な新保守主義《ネオコン》の知識人で、『ワシントン・ポスト』紙のコラムニストになっている人物だ。「当時は若く、話しぶりが流暢《りゅうちょう》な男でした。それとなくこちらを脅していたわけですが、おもしろおかしい調子で言うのです」とパリーは回想する。そのころパリーはAP通信の特別班の所属で、しばしばケイガンと顔を合わせ、そのたびにケイガンは国家安全保障問題に関して政権寄りの話題を売り込もうとした。パリーは言う――「私はそうした話題を取材してみて、誇張されていたり、正確ではないと判明したりすればそう書くわけですが、彼らとしては気に入らない。だから私はもう取り合わないようにしました。するとあるときケイガンがこう言ったのです、『その調子でやり続けるおつもりなら、われわれはあなたを問題視化せざるを得なくなりますね』と。さりげない口調でしたが、それが相手の本音でした。いわば手の込んだ報道管理作戦といったところですね」。

古くて新しい報道機関操作のテクニック

正式にはもはやCIAはプロパガンダ政策を行っていなかったが、ウィリアム・ケイシー長官はOPDのウォルター・レイモンドから最新情報を得て、相変わらず関与を続けていた。レーガン政権のプロパガンダ担当者たちの大きな目標としては、ベトナム戦争終結以降、アメリカの国民が海外における軍事介入にうんざりし、懐疑的になっているのを転換させることだった。「当局の連中は実際この点について報告書の中でも苛だちを露わにしていました」とパリーは言う。「どうすれば国民の『起爆ボタン《ホット》』を押せるのか。国民をさまざまなグループに分け、どうすれば各グループの怒りを焚きつけ、興奮させ、昔のように戦闘モードにさせることができるか検証すべきだ、などと。つまりカトリック信者たちにはこんな話題をぶつけ、弁護士にはこんなテーマを使い、南西部の住民向けにはこれ、ユダヤ人には何々といった具合です」。ＯＰＤが出した記者発表資料の一通に、サンディニスタ政権が反ユダヤ的であることの証拠をつかんだ、というものがあった。パリーは今でも覚えているという。

「効果は絶大でしたが、実はのちに真実ではないと判明しました。私はこれに関するアメリカ大使館発の機密電文を入手したのですが、大使館側は『そんなことは言えない。それは事実ではない』と伝えていたのです。でもＯＰＤは電文を機密扱いにして隠蔽し、ともかく例の記者発表をしてしまいました。そういうことを平気でするような連中なんですよ」とパリーは言った。

もう一つ、ＯＰＤのお気に入りのやり口で、一九五〇年代にＣＩＡが編み出したものがある。それは欧米の大国に反抗しすぎるきらいのある外国の首脳に対し、その人格を貶める話題を流すという手口だ。パリーはCIAの伝説的なスパイ、マイルス・コープランド・ジュニア（ロックバンド「ポリス」のドラマー、スチュアートの父親）にインタビューをしたときに聞いたという。「コープランドはイギリスのオックスフォード郊外の小さな町に住んでいました。とても社交的でしたが、人生は終わりに近づいていました」と、パリーは当時の様子を回想した。そんなコープランドがパリーに語ったところによると、

イラン元首相モハンマド・モサデク。

一九五三年、CIAはイランのモハンマド・モサデク政権に対してクーデターを計画していたが、そのモサデク首相に関する話題を各国の報道機関に流した［モサデク首相は石油産業の国営化など、ソ連寄りの政策を取って米英と対立し、一九五三年のクーデターで失脚］。それはモサデクがバスローブを着てテヘランの市街地を歩き回る変わり者だ、というものだった。「モサデクは（イラン人なら）誰でも着ているような長い外衣《ローブ》を着ていただけなんですが、それを

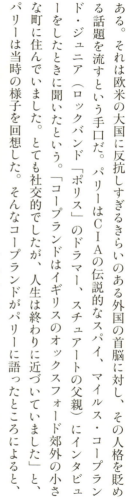

エキセントリックな奇人のように思わせるために、ＣＩＡはわざとバスローブと呼んだのです」とパリーは言った。

ＯＰＤが採用したこの戦術は徐々に露骨になっていった。例えばサンディニスタ政権のリーダー、ダニエル・オルテガ大統領はフレームの大きなメガネで有名だったが、レーガン大統領は繰り返し「デザイナーズ・ブランドのメガネをかけた独裁者」と呼んだ。これに対してパリーは「正直に言って意味がわかりませんでしたね。デザイナーズ・ブランドではないメガネを探すほうが難しいでしょうから」と指摘した。「でも当局の連中は特定の個人をこうして戯画化して、マスコミに取り上げさせようとするのです。だからレーガンはあんな呼び方をしたのです」。

都合よく記事を書いてもらうなら、公式の記者発表資料を出すよりも、もっともらしいネタを記者たちにリークするほうが遥かに望ましい――ＯＰＤもそれはわかっていたと、パリーは言う。「情報をリークしているのはまさに『内部関係者』だと記者に思わせ、極めて機密性の高いネタをゲットしているかのように思わせれば、記者は喜ぶし、記者たちが編集長を説得するのも容易なはずです。ＯＰＤもそれぐらいは理解できるだけの世知がありました。記事になった暁には、政府が堂々と流してくれた情報ではなく、何者かがリークした特ダネだということになっているわけですから、一般大衆も信じてしまいがちなのです。でも実は政府が堂々と流していたわけです」。

一九八六年までに、パリーは同僚のブライアン・バーガー記者と協力し、アメリカが中米で密かに関与していた戦争について何度も本物の大スクープをものにした。一九八五年六月のAP通信の記事もそうだ。海兵隊のオリバー・ノース中佐がコントラに密かに違法な資金提供をしていることを暴露したのだ［レーガン政権が密かにイランへ武器を輸出し、その収益をコントラへ横流ししていたという、いわゆる「イラン・コントラ・スキャンダル」のこと］。ところがAP通信の編集長らは、パリーとバーガーを賞賛するどころか、ノース中佐が果たした役割をできるだけ小さく見せようと腐心した。その理由の一つは、一九八五年にベイルートでヒズボラに誘拐されたAP通信編集者、テリー・アンダーソンを救出する任務をノース中佐が担っていたことだ（一九八四年に誘拐され、拘束されたまま翌年死亡したCIAベイルート支局長のウィリアム・バックリーとは異なり、アンダーソンは最終的に一九九一年に解放された）。パリーは言う――「奇妙な人間関係のしがらみがありました。われわれの部署の責任者であるチャック・ルイスは、実際にノースと何度も会っていたわけで、帰社してから（ノースのスキャンダルに関する）われわれの記事の原稿をチェックしていたのですから」。

CIAと親密だった『ワシントン・ポスト』紙の敏腕記者と編集者

レーガン政権が中米で密かに関与していた戦争の真実を明るみに出そうと、ボナー、ギレルモプリエト、パリー、そしてバーガーといった記者たちはしばしば危険極まりない戦闘地域で取材に邁進していた。その一方で、『ワシントン・ポスト』紙のボブ・ウッドワードはネタを探して首都ワシントンをうろつき、CIAやホワイトハウスの当局者とランチやディナーを共にしながら機密情報を収集していた。ウッドワードの一九八七年の著書『ヴェール』などは、CIAのケイシー長官を共著者として明記すべきではないだろうか。ケイシー長官は情報機関である戦略情報局の元職員で、レーガンが初当選した大統領選で選挙戦を取り仕切り、政権発足後にCIA長官に任命された人物だ。ウッドワードはそんなケイシーをかねてから知っていた。『ヴェール』の取材では一九八三年から一九八七年にかけて「五〇回ほども」ケイシーにインタビューをした。「彼の自宅で、オフィスで、飛行機の機内で、パーティ会場の隅で、あるいは電話で私たちは話した」と、ウッドワードは書いている。「彼は時には気ままに話し、彼の見解を説明してくれた。だが時には話すのを拒んだ……あるとき彼はこう言った――『誰だっていつも必要以上にしゃべってしまうものだからな』と」[*10]。

ウッドワードは手に入れた国家安全保障問題に関する最新の特ダネを記事にすべきかどうか、『ワシントン・ポスト』紙の編集者たちと、中でも特にベン・ブラッドリー〔一九六八〜九一年、同紙の編集主幹。ウォーターゲート事件の報道を指揮し、二〇一七年の映画『ペンタゴン・ペーパーズ』でも主人公の一人として活躍が描かれた〕と緊急会議を開いたケースが少なくとも五、六回あったと記している。例えばあるとき、ＣＩＡはソ連が有事にはポーランドに侵攻する計画を抱いているのではないかと懸念していた。そこで情報をウッドワードにリークした。『ワシントン・ポスト』紙が報じれば、ソ連に計画を断念させることができるのではないかとの思惑からだ。ソ連の脅威がどこまで現実で、どこまでＣＩＡの思い込みだったかは不明だが、いずれにしろウッドワードは「ポーランドをめぐるソ連の計画に高まる懸念」という記事を書いた[*11]。

一方、『ワシントン・ポスト』紙が掲載を見合わせたネタもある。一九八二年三月、カール・バーンスタインとウォーターゲート事件を取材してから数年、ウッドワードが同紙で精力的に活躍していたころ、ＣＩＡが密かにコントラのメンバーを訓練し、武装させていることを知った。だがブラッドリー編集長としては、ＣＩＡがレーガン大統領に内緒で行っているのではない限り、ニュース価値はないとの判断だった。ウッドワードは『ヴェール』に書いている――「彼は慎重に進めたいと言った。そして一九七〇年代とは政治的状況が大きく異なっているからな、とそれとなく私に釘を刺した。今はレーガン政権の時代なのだと、ブラッドリーは言った。だからもはや何でもCIAの秘密を暴けばいいというわけではないのだと。むしろまずいかもしれないのだ、と」[*12]。

政府の権力にメディアが屈したことを、これほど率直に認める発言はめずらしい。ブラッドリーとウッドワードといえば、一九七〇年代の意欲的なジャーナリズムを象徴する二人である。その二人が公権力の脅迫的な空気に屈しようとしていたのだから、なおさら失望せざるを得ない。ブラッドリーは自身がCIAの「資産」だったとは絶対に認めなかったが、同局とは長年、親密な関係にあった。それは一九五〇年代初頭にパリのアメリカ大使館の報道官だったころにまで遡り、記者となってワシントン郊外のジョージタウンへ移ってからも、しばしば夜の会合で関係は続いた。一方ウッドワードは一九六〇年代、海軍にいたころに諜報活動に従事していたと、かねてから噂されてきた。だがウッドワードは噂を否定している。

井の中の蛙だったAP通信の編集者たち

ケイシーCIA長官のような高官の口から次々と漏れてくる機密情報をどう扱うべきか、

ウッドワードとブラッドリーが頭を悩ませていたころ、AP通信のパリーとバーガーはライバル各紙ばかりか、社内の編集者たちからも袋叩きに遭っていた。AP通信が二人の記事を配信するたびに、極端に保守的な『ワシントン・タイムズ』紙は、二人の記事をバッシングする匿名の情報機関当局者の発言を載せた。「しょっちゅう攻撃されていましたよ」とパリーは語る。だが相手の『ワシントン・タイムズ』紙のCIA寄りの編集長、アルノー・ド・ボーチグレイブはAP通信の役員会のメンバーでもあっただけに、木っ端微塵に吹き飛ばしてやるわけにもいかなかったという。「だからうちの編集者たちが『ワシントン・タイムズ』紙へ出かけていって、これ以上叩かれないようにするために、ただひたすら相手をなだめるしかなかったことを思い出します。実際、『お願いですから一面でAPを叩くのはもうやめてください。われわれが社内で対処しますから』と言ったんですよ。おかげでバーガーと私にはなおさら圧力がかかることになったのです」。

一九八六年の夏、バーガーは報道局のシベリアと呼ばれた夜勤デスクに配置転換になると、我慢できずにAP通信を退社した。「そのころには私たちが書く記事はめちゃくちゃに叩きのめされていましたから、どうしてこんなことをわざわざ続けているのだろうと、そんな気分にもなっていたのです」とパリーは振り返る。

ところが同年一〇月、ニカラグアのサンディニスタ政権側がCIAの貨物輸送機を撃墜。積荷はコントラへ供与する武器類で、違法なものだった。唯一の生存者となった不運な運搬業者のユージン・ヘイセンファスは、ニカラグアの首都マナグアでテレビカメラの前にその姿をさらされた。同時に、イランに拘束されているアメリカ人の人質と武器を交換するという、秘密の取り引きを海兵隊のノース中佐が進めていたことも報じられた。「これで私たちも少しは報われたといったところです」とパリーは言う。「でもAP通信はバーガーを再雇用しようとはしませんでした。一〇年に一度の大ニュースだというのに、彼らにはその重要性がわからなかったのです。彼らは自分たちだけの閉じた世界に生きていた。だから自分たちの手で歴史を変えられるかもしれないというのに、それに気がつかない。第一そんなことに関心もなかったんですよ」。

堕落していた『ニューズウィーク』誌編集部

一九八七年、『ニューズウィーク』誌から職のオファーが来ると、パリーは喜んで応じた。だがすぐに後悔することになった。『ワシントン・ポスト』紙の傘下にあった『ニューズウィーク』誌も、アメリカ政府の国家安全保障政策に関わるエリートたちと長年にわたり親密な関係を続けていたのだ。それは一九五〇年代のアレン・ダレスCIA長官時代以来のものだった。「あれほど性根が腐った組織だとは思いませんでした。私にはどうにも理解できませんでしたが、編集長のメイナード・パーカーは、自分は外交政策の立案を牛耳るエリート層の一員だと本気で思い込んでいたのです」とパリーは言った。パーカーは絶大な影響力を持つパワー・エリートたちの秘密会議とでも言うべき、外交問題評議会［非営利の会員制シンクタンクで、季刊誌『フォーリン・アフェアーズ』などを発行］のメンバーで、『ニューズウィーク』誌にコラムを書いていたヘンリー・キッシンジャー（元国務長官）とは友人同士だった。パリーはさらに事情をこう語る――「キッシンジャーは『ニューズウィーク』誌のオーナーで『ワシントン・ポスト』紙の発行人でもあるキャサリン・グラハムとも親しかった。基本的に、こうした編集者たちはレーガン一派にそうとう肩入れしていました。ですからこのころまでのイラン・コントラ・スキャンダルに関する報道は、それはひどいものでした。この問題を軽視していて、何も報じていないも同然だったのです」。

『ニューズウィーク』誌はまさに報道内容のテコ入れのためにパリーを雇ったはずだった。だが編集者たちは彼を自由にはさせなかった。「ノース中佐の裁判が始まったのに、連中は私に取材を禁じたのです」とパリーは言う。そこで審理を傍聴する代わりに、毎晩裁判記録を精査して、現場の記者たちには聞こえない裁判官席での協議の記録などからディテールを収集した。それでも編集者たちはパリーの原稿を載せようとしなかった。だからパリーは『ニューズウィーク』誌の「ペリスコープ」という欄に一部を紛れ込ませて載せた。皮肉にも、「ペリスコープ」は長年ＣＩＡが虚偽の情報やプロパガンダを流すのに利用していたコラムだ。

ついに記事になった大スクープ

常に編集者たちに妨害されながらも、パリーはイラン・コントラ・スキャンダルに関わるもっとも重大な秘密を暴くことに成功した。それはやがて、一九九〇年代の報道界における最大のスキャンダルに発展したばかりか、ＣＩＡにとっては極秘報告書「一家の恥」ファイルの内容がすっぱ抜かれた失態以来の宣伝広報活動の大惨事となる。一九八五年、サンディニスタ政権当局者の友人だとされたフェデリコ・ヴォーンが逮捕された。アメリカの麻薬取締局（ＤＥＡ）が仕組んだ手の込んだおとり捜査の成果で、ヴォーンはアメリカへコカインを密輸入しようとした容疑でマイアミで起訴された。するとレーガン大統領は「わが国の若者を毒するために麻薬を輸出した」として、サンディニスタ政権を公然と糾弾した。ところがサンディニスタ政権の最上層部がヴォーンの密輸を知っていたかどうか、あるいはさらにこれとは別に麻薬取り引きに関与しているのかどうか、説得力のある証拠は出てこなかった。実は、パリーとAP通信の相棒バーガーが発見したように、コカインの取り引きに深く関与しているのはサンディニスタ政権側ではなく、コントラ側だったのである。

同年一二月、パリーとバーガーはこの件に関する最初の記事を書いた。[*13] のちに「コントラ・コカイン・コネクション」と呼ばれるようになった組織的な麻薬の密輸ルートを暴露したのだ。コスタリカ国内のコントラが支配する地域に秘密の滑走路があり、コロンビアからコカインを運ぶ航空機が離着陸していることをこの記事は伝えた。航空機はそこで給油し、「アメリカへ密輸するために、コスタリカのほかの各拠点へとコカインを運ぶ」というのだ。パリーとバーガーはCIAが作成した最高機密の「国家情報評価書」を入手し、記事の内容を裏づけることができた。その文書によれば、コントラの最上層部の幹部の一人が「この年のコカイン密輸による利益を使い、二五万ドル相当の武器供与を受け、ヘリコプター一機を購入した」という。

コントラの麻薬取り引きに関する記事では、それぞれ別々の情報源が少なくとも十数人はいただろうとパリーは言う。「相手はどこかしら問題を抱えた個性的な連中ばかりです。この一件のどの点を取ってみても、完璧な情報源と言えるような人間はいなかった。みな何か隠したいことや誇張したいことがあり、誰にもがそれぞれ下心があったわけです」。それでもともかくできるだけ多くの視点を組み合わせていくことで、一見とらえどころのない、表からは見えない真実を明らかにする、それが自分に課せられた仕事だと、パリーは考えた。「できる限り多くの情報源から材料を取っておけば、それだけ安全だ、という発想です」とパリーは説明した。しかし情報源を増やせば増やすほど、逆にあっという間にわれわれの記事の信用を失墜させるようなネタを外交広報局（OPD）と報道機関内のその同調者たちに与えてしまうのではないかと、不安になった――「二四人の情報源がいたとして、その内の誰か一人が一八歳のときに駐車違反でもしていたら、それだけで残りの二三人も信用をなくすな、と私はよく冗談を言ったものです」。

結局『ニューヨーク・タイムズ』『ワシントン・ポスト』『マイアミ・ヘラルド』『ロサンゼルス・タイムズ』などを含むAP通信のライバル各紙は、このニュースをさらに突っ込んで取材してみようとはしなかった。その代わり、パリーらの記事の主張を喜んで否定してくれるような、匿名の政府当局者のコメントを含む後追い記事を載せたのである。

「よくある話ですよ」とパリーは言う。「まず、スクープで先を越されたとすれば、誰もそんなことは認めたくはありません。そこで次に、編集長のところへ行って『私の情報源によればこれはまったくのデタラメです』と言う。するとその編集長がそのニュースを無視するか、潰すかするように仕向けるのです。そしてコントラの麻薬取り引きというネタの場合、連中はどっちもやった。だから私たちの記事は記者仲間から認めてもらえず、誰からも無視され、あるいは攻撃されました。そうなるとうちの編集者たちもそわそわし出すものです」。

一九八八年、パリーは国家安全保障アーカイブのピーター・コーンブラーと組み、『フォーリン・ポリシー』誌に記事を寄せ、ようやくＯＰＤの企みを暴くことができた。*14 その記事は露骨なメディア操作のやり口を率直に非難しただけに、『ニューズウィーク』誌の関係者が喜ぶはずはなかった。一九九〇年、怒鳴り散らす編集者たちについに愛想をつかし、パリーは同誌を去った。

第三章　告発者を殺せ

『ニューズウィーク』誌を退職して六年後、ボブ・パリーはゲイリー・ウェッブと名のるカリフォルニア州のジャーナリストからの電話を受けた。ウェッブは『サンノゼ・マーキュリー・ニュース』紙のベテラン調査報道記者だ。コントラとコカインの結びつきをめぐる疑惑について、最後にして最大の答えを見つけたところだと、ウェッブは言った。コントラがアメリカへ大量のコカインを密輸出していたことはわかっているが、そのコカインは国境を越えてアメリカへ入ってからどこへ消えたのか？　それをウェッブは裁判記録から探り出したのだという。サンフランシスコを拠点にするニカラグア人のコカイン密売グループが、ロサンゼルスきっての悪名高きコカイン密売人、「フリーウェイ」ことリッキー・ロスに長年にわたって問題のコカインを極めて安価かつ安定的に供給してきたというのだ。[*1]

逮捕を免れた「コカイン王」

コントラとコカイン密売の関係を報じたパリーの記事のあとを受け、ウェッブは密売人のリッキー・ロスに直接コカインを売りつけていた麻薬密売組織の正体を暴いた。そこにはニカラグア人ビジネスマンで、一族がニカラグアの旧ソモサ政権と密接な関係にあったオスカー・ダニーロ・ブランドン・レイエスと、そのレイエスを麻薬密売の世界へ引き入れた男、ノルウィン・メネセスの名もあった。口髭《くちひげ》を生やした小粋な風貌の密売人のメネセスは、一九七〇年代半ばからニカラグアの「コカイン王」と呼ばれてきた男だ。アメリカの麻薬取締局（DEA）は少なくとも一九七八年からメネセスを追っていた。そして一九八三年、メネセスの仲間のフリオ・サヴァラが率いる麻薬密輸団を検挙したとき、あと一歩でメネセスも拘束できるところだった。それはその年の一月一七日のこと。ウェットスーツを着た数人のニカラグア人がサンフランシスコの桟橋《ピア》96で逮捕された。彼らはコロンビア船籍の貨物船から四〇〇〇ポンド（一八〇〇キロ強）を超えるコカインを陸揚げしようとしていたのだ。押収されたコカインは約一億ドル相当で、一九八〇年代前半にカリフォルニア州で押収された麻薬として

Courtesy Gary Webb family.

ニカラグアの麻薬密輸団とCIAの関係を暴いたゲイリー・ウェッブ。

は最大規模。この事件は「潜水工作員事件《フロッグマン》」として歴史に名を留めている。

麻薬取締局はこのときはメネセスを逮捕できなかったものの、彼がサンフランシスコ湾岸地帯にあるサヴァラら一味のアジトの一つと関連があること、そしてこのときの麻薬密輸取り引きでコロンビア側のために仲買役を買って出ていたことまで、突きとめていた。そのサヴァラの住居で当局は三万六八〇〇ドルの現金を押収し、この麻薬関連資金を裁判のために証拠物件用の袋に保管していた。すると奇妙なことが起きた。コスタリカにいたサヴァラの弁護士から、現金を返還せよと検察側に申し入れがあったのだ。弁護士の主張によれば、その現金は実は麻薬関連資金ではなく、「ニカラグアにおける民主主義の復興」のため、武器やその他の物資を購入する資金としてサヴァラが受け取ったものだというのだ。*2 公判前審理で、検察側は判事と非公開で話し合い、機密情報刑事手続法に基づき、弁護士の手紙を密封して裁判ファイルに綴じ込んだ上で、即座に現金をサヴァラの弁護士に渡すことに同意した（この現金をコントラの資金集めの闇ルートに戻すため、この一件に密かに介入したことをＣＩＡがのちに認めている）。

「フロッグマン事件」のあとも、麻薬密売の中心人物であるノルウィン・メネセスは白昼堂々と活動を続けたが、当局は指一本触れることすらできなかった。ゲイリー・ウェッブ記者は当時、『サンノゼ・マーキュリー・ニュース』紙の記事のためにこの事件を取材中、一九八四年にサンフランシスコで開かれたコントラの資金集めのパーティの写真を入手した。写真の中のメネセスは、CIAが支援先に選んだニカラグアの反政府ゲリラのリーダー、アドルフォ・カレロの隣に笑顔で立っていた。しかし一〇年後、コントラと麻薬取り引きの実態を掘り下げようとウェッブが改めて取材を始めたころ、メネセスは麻薬密売の罪でニカラグアで服役中だった。一方、一九八〇年代前半にアフリカ系アメリカ人のギャングたちにコカインを売りつけるために、メネセスがロサンゼルスへ派遣していたブランドン・レイエスのほうは、アメリカ西海岸一帯の犯罪事件で麻薬取締局がまっさきに情報をもらいにいく情報提供者になっていた。

麻薬密売団と内通していた元刑事

「フリーウェイ」ことリッキー・ロスの裁判で、検察側の証人リストにレイエスの名前が挙がっているのを見て、ウェッブは目を疑った。リッキー・ロスは『ロサンゼルス・タイムズ』紙がクラック・コカイン［純度の高い固形のコカインで、砕いてパイプなどで喫煙して摂取する］密売の「親玉」と呼んだ男だった。そして一九八〇年代にそのリッキー・ロスにもっとも多くコカインを供給していたのはほかでもなく自分であると、レイエス自身が認めていたのだった。だが当時、レイエスがリッキー・ロスと共に立ち上げ、ロサンゼルスにあっという間にクラックを蔓延させたドラッグ・ビジネスには、政治的な側面もあった。一九八二年、レイエスはホンジュラスでコントラの軍司令官、エンリケ・ベルムデスと会った。そのとき、ニカラグアのサンディニスタ政権との戦争のために、手段を選ばず資金を集めるよう、ベルムデスから指示されたのだった。レイエスはベルムデスの言わんとすることをすぐに理解した。レイエスの宣誓供述書によると、「目的が手段を正当化する」というわけだった。[*3]

ウェッブはレイエスとリッキー・ロスの麻薬密売団についてさらに掘り下げて取材を続けた。そして彼らの活動を詳細に記した裁判記録のおかげもあり、一味が一九八〇年代半ばにロサンゼルスで驚異的なスピードで勢力を拡大していったことを示す証拠を次々と発見した。リッキー・ロスのクラック密売のあまりの成功ぶりに、まさにこの男一人をつかまえるためだけに、当局は組織を超えた対策本部《タスクフォース》を組んだほどである。しかしリッキー・ロスの隠れ家と疑われた現場を急襲して捜査をするたびに、いつも一歩遅かったという状況が続いた。麻薬もなければ、現金もなく、あるのはただ空っぽの部屋だけだったのである。リッキー・ロスはいつも麻薬取締官よりも一歩早かった。それはつまり、内通者がこの麻薬の帝王とその部下たちに警告していたということだ。一九八六年一〇月、当局はレイエスとリッキー・ロスに対する大々的な強制捜査を実施した。だがそのときも、ねらった現場は必ずといっていいほど事前にきれいさっぱり片づけられており、証拠として押収できたのはわずかな分量のコカインにすぎなかった。

一九八六年の捜査で急襲した現場の一つに、カリフォルニア州ラグーナビーチにあるロナルド・Ｊ・リスターという元刑事の家があった。捜査官らが訪れると、リスターはバスローブ姿で、ゆったりとコーヒーを飲みながら、玄関で出迎えた。リスターは警察の捜査を事前に知っていたことを明かし、君たちはとんだ間違いを犯しているぞと指摘した。「君らはここへ来るべきではない」とリスターは言い、「私はＣＩＡと仕事をしているのだが……ワシントンの私の仲間たちは君たちの訪問を喜んではくれまい」と言った。[*4] 警察はリスターの住宅のクローゼットから、最近リスターが武器商人かつ安全保障アドバイザーとして世界を股にかけて活動していたことを示すレシートや文書類を発見した。相手はＣＩＡとつながりのあるラテンアメリカの政治家らで、エルサルバドルの暗殺団のリーダー、ロベルト・ドービュイソン〔エルサルバドル内戦中に要人暗殺などを指揮したとされる極右の活動家。のち政治家。一九九二年に癌のため死去〕も含まれていた。のちにレイエスが検察側に語ったところによれば、彼がリスターと出会ったのはコントラの資金集めのイベントでのことだという。リスターはマイアミの複数の銀行を通じて、麻薬密売団のために資金洗浄《マネーロンダリング》をしてくれただけでなく、マシンガンから警察無線傍受機《スキャナー》にいたるまで何でも供給してくれたという。武器は麻薬密売団の自衛手段として、機器は逮捕を免れるのに使えるようにと、レイエスがリッキー・ロスに売ったのだった。

特ダネを報じた記者への忠告

ボブ・パリー記者は、こうした一部始終をウェッブが電話で説明してくれるのを聞きながら、自分が何年も前にブライアン・バーガーと一緒に暴き始めたコントラと麻薬をめぐる問題について、ウェッブ記者が重要な事実をつかもうとしていることに気づいた。「私たちはニカラグア国外で麻薬密売が行われている、というところまでは記事にしました。そこへウェッブ記者は、それがさらにどのような結果や影響をもたらしたか、明らかにしようとしていたのです。コントラと密輸団がアメリカ国内にコカインを持ち込んだことが、クラック・コカインの蔓延という問題を引き起こす一因となったことをです。私たちはそこまでは調べませんでしたから」とパリーは言った。しかしパリーはそのとき、この題材が過去に引き起こした軋轢《あつれき》についてウェッブに忠告した。パリーは回想する——「編集者たちとの関係は大丈夫かと、私はウェッブに訊きました。それはどういう意味だとウェッブが言うので、『ひどい反発を食らうぞ。この件について書いたやつはみなそういう目に遭ってきたからな』と私は言いました。するとウェッブは編集者たちとの関係は良好だと答えました。でも考えが甘すぎましたね。すごいネタをつかんだと思っていたのでしょうが、それがどんなことを引き起こすか、あるいは同僚たちにどれほど責められることになるか、彼はまるでわかっていなかったのです*5」。

大スクープに慌てたCIA長官と大手新聞社

パリーの忠告は予言となって的中した。一九八〇年代にパリー自身が「問題視化《コントロバーシヤライズ》」されたように、やがてウェッブも同じ目に遭ったのだ。ウェッブの大スクープはついに一九九六年八月上旬、『サンノゼ・マーキュリー・ニュース』紙で三回にわたって連載された。「闇の連合」と題されたこの連載記事はこう主張した——コントラのために資金集めをしていたCIAに、ニカラグアの麻薬密輸団が協力したのだが、捜査当局は彼らの活動を黙認した。その結果、一九八〇年代、ロサンゼルスのサウスセントラル地区などでクラック・コカインが爆発的に蔓延。それにはCIAが直接的な役割を果たしたのだ、と。これは紙媒体だけでなく、同時にインターネットでも配信された最初の大型スクープだった。それだけに記事のインパクトは絶大だった。一九九六年一一月の時点で、何百万という読者がオンライン版の記事を読み、カリフォルニア州選出の民主党下院議員、マクシーン・ウォーターズを筆頭に、ワシントンではアフリカ系アメリカ人の主要政治家たちが憤激し、調査を要求した。アメリカの大手新聞各紙はこの爆弾のようなスクープを無視することに腐心しているようだったが、やがてそうもいかなくなった。またロサンゼルス中心部での抗議行動が毎晩ニュース番組をにぎわした結果、ついにはサウスセントラル地区の住民集会にCIAのジョン・ドイチ長官みずからが参加することになった。歴史的な一歩だが、軽率でもあった。長官は聴衆から大々的な野次を浴び、歯を食いしばりながら、ウェッブ記者の主張について徹底的に調査をすることを約束するはめになったのである。

当初ウェッブ記者の記事は、本来の責務を果たすことを大手新聞各紙に迫ったかに見えた。各紙の記者たちは「闇の連合」の麻薬密輸網について、さまざまな角度から後追い取材に走らされたのだ。NBCニュースはウィークリー・ニュース番組の『デイトライン』の取材陣をニカラグアに派遣し、ノルウィン・メネセスらにインタビューを行った。CIAとコントラ側の麻薬密売団との関係がこれほど見事に隠蔽されていたことに、番組担当のあるプロデューサーはショックを受けていたと、ウェッブはのちにジャーナリストのアレキサンダー・コックバーンとジェフリー・セイントクレアに語っている（二人はウェッブのスクープについて『ホワイトアウト――CIA、ドラッグ、そして報道機関』（原題 *Whiteout: The CIA, Drugs and the Press*）という本を書いた）。

「こんなひどい話がどうして今までテレビで報じられなかったんだ？」と、そのプロデューサーは思わず口に出した。

「教えてほしいのはこっちだよ。テレビ屋はあんただろ」とウェッブは答えた。*6

大手新聞からの総攻撃

ところが、コックバーンとセイントクレアが著書に書いているように、数週間後には『デイトライン』はこの話題から手を引いた。そしてウェッブの記事は「ラジオのトーク番組で広まった陰謀説にすぎない」のだと、NBCニュースの特派員、アンドレア・ミッチェルが視聴者に向けて言い出した。ミッチェルは当時の連邦準備制度理事会（FRB）議長、アラン・グリーンスパンの私生活上のパートナーで、ワシントンの権力者サークルにどっぷり漬かって政府を取材してきたジャーナリストでもある（都合の悪い調査報道に陰謀説のレッテルを貼るのは、今も昔と変わらず、権力に批判的な報道の信用を落とし、退けるための常套手段だ。その起源は一九六〇年代にあり、ケネディ大統領の暗殺に関する政府の公式見解に疑問を投げかけた報道に対し、CIAがお抱えのメディア関係者らに反論させたことに始まる)。

間もなく大手メディアはウェッブに反論するために、大々的な論陣を張り始めた。まるでCIAの広報部よろしく、『ワシントン・ポスト』『ニューヨーク・タイムズ』、そして『ロサンゼルス・タイムズ』などの各紙がウェッブの記事に対して一面に反論記事を掲げた。ウェッブの記事の欠点を誇張して言い立て、編集者らがいかにストーリーをおおげさに膨らませたかと非難した。特にクラック常習者がパイプからコカインの煙を吸う姿をCIAの紋章にダブらせた、『サンノゼ・マーキュリー・ニュース』紙が掲載した印象的な画像が攻撃の的になった。だがそんな各紙の記事は、現役および退職した当局者らの匿名の発言にほぼ全面的に依拠していた。そうした証言者たちによれば、ウェッブが暴いたニカラグアの麻薬密売団は、コントラの支援者やアメリカの麻薬取り引きに何ら重要な関与をしなかったという。

ウェッブをもっとも激しく攻撃したのは『ロサンゼルス・タイムズ』紙だ。ウェッブの記事はロサンゼルスでクラック・コカインが爆発的に蔓延したことを大きく取り上げていただけに、地元の大手新聞社としてはこのスクープは屈辱的で、なおさら「闇の連合」の話題を潰す理由があったのである。そして実際、本気だった――ウェッブの記事を上回る文字数のシリーズを同じく三日間連載したのだ。しかも同紙は、ウェッブに対するこの攻撃をジェシー・カッツ記者に担当させたのだから、あまりにも厚かましい。カッツは二年前、リッキー・ロスをロサンゼルスのクラック・コカイン帝国の王者として描き出した記者だったが、今度の記事ではその王冠を奪い去る役目を果たそうというのだから呆れたものだ。リッキー・ロスにコカインを売っていたニカラグア人たちがCIAと結びついていたことをウェッブが暴いてしまった。そこでカッツは、今になって考えてみるとリッキー・ロスに関するかつての自分の記事はやや大げさすぎた、と都合よく反省してみせた。実はリッキー・ロスという男の名は知れてはいたものの、当時の数多いクラック密売人の一人にすぎなかったのだ、と。このようにリッキー・ロスに関して前言を翻すのは、誰がどう見ても誠実さに欠けていた。このため効果的な反論になるどころか、『ロサンゼルス・タイムズ』紙はCIAとの関係を守るためならそんなことまでしてしまうのかという、闇の深さを露呈しただけだった。

一方、元刑事のロナルド・リスターとCIAが結びついているとのウェッブの主張については、『ロサンゼルス・タイムズ』紙はリスターを「食わせもの」だと切って捨てる元同僚たちの発言を堂々と載せた。そしてリスターの中米における武器取り引きに関しても、まるで詐欺まがいの素人商売だったかのように描写し、CIAとは一切関係はないとする同局の言葉をそのまま伝えた。*7

疑惑もみ消しに走った『ロサンゼルス・タイムズ』紙のずさんな取材

「闇の連合」の存在を否定するために、『ロサンゼルス・タイムズ』紙は二〇人あまりもの記者を取材に投入した。だがウェッブの記事を葬り去ろうと躍起になるあまり、記者たちは真相に迫るのに欠かせない極めて基本的な取材をも怠った。例えば私は当時、『オレンジ・カウンティ・ウィークリー』と『LAウィークリー』(カリフォルニア州南部の代表的な反主流派の新聞)の両紙に記事を提供する記者で、大手全国紙や全米ネットのテレビ局のようなめぐまれた環境にはなかった。それにもかかわらず、私はリスターとある元CIA幹部とを結びつける裁判記録やビジネス文書を発掘することができた。そして情報公開を定めた情報自由法に基づく請求により、私はやがて黒塗りだらけのFBIとCIA

の報告書類を入手した。それらは「イラン・コントラ・スキャンダル」が世間を騒がせていたころ、中米でリスターが活発に展開していた活動に、ＣＩＡの元作戦責任者が関与していたことを示していた。さらに記録によれば、ＦＢＩは一九八〇年代にリスターの武器取り引きを五回も捜査しており、ＣＩＡの元副長官にまでリスターとの関係を質問していたことが判明した。両者の関係の詳細はいまだに機密扱いのままだが、報告書類から明白になったことがある。それはブランドン・レイエスとリッキー・ロスがカリフルニア州南部を手始めにクラック・コカインを広範囲に売りさばいていたころ、彼らを手助けしていた元刑事のリスターは、ＣＩＡが中米で行っていた密かな戦争にも同時にせっせと協力していたということだ。

大手新聞各紙は安全保障を何よりも優先するいわゆる公安国家の宣伝係であるかのように振る舞い、ウェッブの記事を否定する公式声明や匿名のＣＩＡ職員らの身勝手な主張を大々的に掲載し、ウェッブの仕事を葬ろうとした。しかしそんなことをするよりも、ウェッブが見つけた興味をそそる手がかりをたどったり、さらなる取材によって記事に欠けている部分を埋めたりすることで、彼の不完全だが重要な取材結果を発展させることもできたはずだ。「闇の連合」の記事に対する執拗な批判的報道には、どこか保身を図るようなところがあった。ウェッブの連載記事には、情報機関の罪を暴かなかったという、プロのジャーナリストとしての自分たちの失態に対する批判が潜んでいると、記者たちが感じているかのようであった。ウェッブ批判に加わった国家安全保障問題を専門とする記者や編集者の多くは、かつて一九八〇年代、レーガン大統領が密かに進めた中米での戦争を取材した人たちだった。例えば『ロサンゼルス・タイムズ』紙のワシントン支局長、ドイル・マクマナスもその一人だ。そして記者の多くは、ウェッブの記事が問題提起をしたニカラグアのコントラと麻薬密輸に関する疑惑のことは先刻承知だったのだ。だから彼らが「闇の連合」の報道に対して批判的だった理由の一部は、マクマナスがのちに私に語ったように、「初めて記事を読んだときには新しくかつ重要そうに見えた要素の大部分は、実は新しくないか、重要でないか、あるいは確たる証拠の裏づけがない」という思いにあった。[*8]

ところが一九八〇年代のアメリカのおおかたの大手報道機関がそうであったように、マクマナスはCIAとホワイトハウスの当局者たちによって、中米問題に関する政府の純然たるプロパガンダを記事にするようそそのかされていたのである。そしてごく稀に、現場の事実が明らかに当局の公式見解と矛盾した場合に限り、政府の主張に異論をさし挟む記事を掲載したのだった。それにしても、CIAとクラック・コカイン密売との結びつきを報じたウェッブの記事は、なぜあれほど強烈なインパクトを持ったのか。それは実のところ、一九八〇年代にこの問題をすでに報じているべきだった大手新聞各紙が、まったく無視するか、目立たないように紙面に埋もれさせてきたからである。その上、さらに深く掘り下げようとしたボブ・パリーのような数少ない記者たちを、編集者らがそそくさと担当からはずすようなことをしていたからなのだ。

政府の番人を演じたベテラン記者

連載「闇の連合」に対し、『ワシントン・ポスト』紙で攻撃の先陣を切ったのは、国家安全保障問題を専門とする同紙のベテラン記者、ウォルター・ピンカスだった。ピンカスは一九五〇年代、短期間CIAの情報提供者として働いたことがあり、ウィーンで開催された国際学生サミットにスパイとして潜り込んだりした。本人はのちにこの経験は大した話ではないとして、「大学生がロシア人たちとちょっと週末を過ごした」ようなものにすぎないと表現し[*9]、自分を雇っていたのがCIAだとは知らなかったと主張した。いずれにしろ、自社を含む記者仲間はピンカスのことを、CIAのお先棒を担いで出世した記者で、当局の尖兵の一人だと見ていた（ちなみに二〇一五年暮れ、八三歳で『ワシントン・ポスト』紙での記者生活を終えた）。ピンカスは一貫して情報機関の内部関係者でなければ得られない視点から記事を書き続け、国家安全保障に関して国益に反するような記事を『ワシントン・ポスト』紙が載せるたびに、編集者たちに口うるさく不満を述べた。

一方、一九九六年に「闇の連合」のスクープ記事が出たころ、『ワシントン・ポスト』紙のニカラグア特派員をしていたのがダグラス・ファラーだ。ファラーの回想によれば、ニカラグア発の自分の記事はウェッブの仕事を裏づけるようなものだったが、編集者たちからの反応はさっぱりだったという。彼らはウェッブの記事をどう扱うべきか、すでに腹を決めていたからだ。「この件についてピンカスとも大げんかをしました」とファラーは語った。「でも私はニカラグアの首都マナグアにいて、相手はワシントンの編集会議に出席して編集者たちと直接話し合っていたのですから、私に勝ち目はありませんでした。あるとき私が発見した事実の信頼性をめぐって、私とピンカスは意見が食い違いました。彼が一時期CIAに雇われていたことを当時私は知りませんでしたが、もし知っていれば、ピンカスとぶつかった原因も少しは察しがついたに違いありません」[*10]。

『サンノゼ・マーキュリー・ニュース』紙は、当初は連載「闇の連合」の内容は正しいと主張し続けた。しかし一九九七年五月、報道各社からの執拗な批判に屈し、ジェリー・セポス編集長は誤りを認める文書を発表し（自分の首のことも心配になったのだろう）、ウェッブの連載記事から距離を置いた。ウェッブはほどなく退職して二度と日刊紙の仕事をすることはなかった。私が前著『メッセンジャーを殺せ』（原題 *Kill the Messenger*）で書いたとおり、このスキャンダルはウェッブのキャリアを台無しにしただけでなく、彼の人生を崩壊させた。彼は経済的苦境や抑うつ症状へと追い込まれ友人や家族とも急速に疎遠になった。『サンノゼ・マーキュリー・ニュース』紙を退職してちょうど七年目の日、ウェッブの自殺という結末にいたらせたのだった。

コントラ支援と麻薬取り引きへの関与を認めたCIA

本人の死後も、ウェッブに対する攻撃は続いた。二〇〇四年一二月一二日、『ロサンゼルス・タイムズ』紙は死亡記事の中で、「信憑性《しんぴょうせい》が乏しい」記事を書く記者だったとウェッブを切り捨てた。*11 だが実はそのころには、信頼を失っていたのはウェッブの批判者たちのほうだった。一九九八年一月、CIAは連載記事「闇の連合」に関する同局の監察官による独自の報告書を公表した。その中でCIAは、同局が一〇年以上にわたり、ニカラグアのコントラと彼らの資金集めを支援していた者たちによるアメリカへの麻薬密輸を許してきたことを認めた。しかもＣＩＡは治安当局とはまったく情報を共有していなかったと、報告書は記している。そしてＣＩＡは、コントラの麻薬密売人が同局の指示に著しく違反した場合に限り、ごく稀に彼らに懲罰を加えたという。皮肉なことに、ＣＩＡの内部報告書はウェッブの連載記事が指摘したことよりもはるかに多く、同局と麻薬密売団との共謀関係を明かしたのだった。

ところがこうしてＣＩＡはみずからの罪を告白する気になったというのに、大手報道メディアはそうではなかった。ＣＩＡの謝罪はアメリカの報道機関からはほぼ完全に無視された。時あたかもビル・クリントン大統領と元インターン生のモニカ・ルインスキーのセックス・スキャンダルが暴露されつつあり、各社ともその下劣な内容の詳細を取材することに夢中になっていたのである。特にウェッブを率先してずたずたにした大手新聞社（『ロサンゼルス・タイムズ』『ワシントン・ポスト』、そして『ニューヨーク・タイムズ』の各紙）は、ＣＩＡの驚くべき告白に沈黙を守った。

ＣＩＡは「闇の連合」の報道をめぐる論争についても内部調査を行った。その結果、同局が大手報道機関と協力してウェッブの評判を傷つけたことが明らかになった。「悪夢への対処」と題されたこのＣＩＡの報告書は一九九七年にまとめられていたが、二〇〇四年一〇月、つまりウェッブの死の二カ月前まで公表されなかった。この報告書によれば、ＣＩＡの職員には秘密作戦や海外の協力者については決してコメントしないというポリシーがあるが、このケースでは珍しくそのルールから逸脱し、ウェッブが記事の中で言及した特定の個人との関係を職員らが公式に否定した。報告書はさらに、この問題を報じないようＣＩＡが「ある大手報道関連会社」を説得し、ウェッブの信頼を傷つけたことも明かしている[*12]。これに加え、ＣＩＡの広報部はウェッブを攻撃する論点に使えるようにと、記者や同局の元職員に「よりバランスの取れたストーリー」を提供したという。だが大筋においては、ウェッブのライバル記者たちが「闇の連合」のスクープを粉砕していく間、ＣＩＡはただ悠然と傍観していただけだと、報告書は主張した。

ウォルター・ピンカス記者を名指しこそしなかったが、ＣＩＡはウェッブに対する反撃に関しては『ワシントン・ポスト』紙に最大の賛辞を送った。「『ワシントン・ポスト』紙の全国的な知名度のおかげで、特に同紙の記事は他紙にも取り上げられ」、ウェッブと彼の連載記事に対して「『反発の猛火』とＡＰ通信が呼んだほどの反響を巻き起こす一因となった」というのだ。ＣＩＡにとっては、アメリカの代表的な報道メディアがこぞってウェッブの記事に非難を浴びせただけでなく、ウェッブ個人をも執拗に攻撃し続けたことはまさに奇跡だった。ＣＩＡはこう結論づけている――「今回の一件は相対的には成功だったと見るべきである。戦争の場合と同様に広報活動の世界でも、大勢の敵と対峙した場合、完敗を免れれば成功と言えるのだ[13]」。

貴重な人材を失ったアメリカの報道界

一九九八年八月一四日、ＣＩＡが監察官の爆弾報告を発表して実質的にウェッブの悪評が払拭されてから半年余りのち、ウェッブは（非営利ケーブルテレビ局の）Ｃ－ＳＰＡＮに出演した。もとの連載に加筆して出版したばかりだった自著、『闇の連合』《原題 *Dark Alliance*》のプロモーションのためだ。当時、大手報道機関はコントラとコカイン取り引きへの関与についてのＣＩＡの告白を無視していたため、ウェッブのキャリアはどん底のままだった。だがＣ－ＳＰＡＮに出演した際の発言は、彼のジャーナリストとしての鋭い嗅覚が健在であることを示していた。この番組でもやはり、ＣＩＡの麻薬がらみの醜聞よりも、クリントンのセックス・スキャンダルのことを知りたくて仕方ない視聴者たちからの電話を紹介していた。だが最後のほうで、ある視聴者が国家安全保障問題に関わる新たな興味深い話題に着目したのである。その視聴者は、その日の『ロサンゼルス・タイムズ』紙の朝刊一面に掲載された記事についてウェッブにコメントを求めた。それはウサマ・ビンラディンという、サウジアラビアの「反体制派」の亡命者に関するものだった。[*14] ビンラディンはタンザニアとケニアでアメリカ大使館に爆弾テロを仕掛けた疑いをかけられていた。そしてビンラディンが母国サウジアラビアに背を向けたきっかけは、湾岸戦争の「砂漠の嵐作戦」(一九九一年一〜二月)でサウジアラビアが米軍に作戦基地を提供したことだったと、『ロサンゼルス・タイムズ』紙の記事は伝えていた。

ウェッブは視聴者の質問に、この記事は『ウォール・ストリート・ジャーナル』紙のジョナサン・クウィトニーによる著書、『果てしない敵』(原題 *Endless Enemies*)〔アメリカが第三世界諸国に干渉して非民主的な政権を支持してきた外交史を明かした。一九八四年刊行〕を思い起こさせる、と答えた。ウェッブは述べた――「われわれが他国の問題に介入し、相手の国民を撃つと、つまりアメリカの大砲や銃で他国の人々が撃たれると、われわれは敵を作り出してしまうのです。そしてもしその男(ウサマ・ビンラディン)が『砂漠の嵐作戦』のせいでアメリカにも反感を抱いたのだとすれば、われわれは以前にはいなかった新たな敵を作り出してしまったことになるでしょう」。

アメリカの国家安全保障問題の裏に潜む闇の世界に対して、ウェッブは相変わらず鋭い観察力を発揮していた。だがこの発言はメディアのざわめきの中にすぐに埋もれてしまった。だがウェッブの発言からもわかるとおり、アメリカのマスコミは、政府の情報操作の霧の向こうに隠れた真実を見抜く勇気を持った、まさにウェッブのような記者を切に必要としていたのである。ウェッブの同僚たちが、彼をジャーナリズムの世界から追放したことは、なんと大きな損失であったことか。

第四章　米軍に「埋め込まれる」従軍記者たち

レーガン政権時代、ワシントンの報道陣は政府の言いなりだった。そこで政権交替後こそみずからを省みて、いわゆる公安国家に対して物怖じしない番人となれるか……そんな希望はジョージ・W・ブッシュ大統領の中東問題への失政によって完全に潰えた。すなわち二〇〇三年三月の米軍によるイラク侵攻に始まり、今日まで続く悪夢によってだ。ブッシュ＝チェイニー政権はまるで何かに突き動かされているかのように、世界の大半を道連れにしながら無謀な賭けに出た。その過程では政権と共存関係にあるメディアの支持も大きな役割を果たしていたのだ。しかも戦争という猛犬を解き放てと囃《はや》し立てたのは、フォックス・ニュースや『ワシントン・ポスト』紙といったお決まりのメディアだけではなかった。リベラル系メディアのリーダー格たる『ニューヨーク・タイムズ』紙なども、この歴史的失態に大きな責任を負っているのである。

ブッシュ政権の戦争熱に同調した報道界

九・一一同時多発テロを受け、ブッシュ大統領が「テロに対する戦争」を宣言するやいなや、当局による情報操作の波が押し寄せ、アメリカの報道メディアもみずから進んでプロパガンダの洪水を広める協力者となった。それはベトナム戦争の初期以来の勢いだった。

イラク戦争開戦に至るまで、ブッシュ＝チェイニー政権のプロパガンダ担当部門は偽情報を吐き出し続けた。まさに激烈な奔流とも言うべきで、ＣＩＡすらもその圧力に屈したほどだ。ＣＩＡの分析官たちは、サダム・フセインの大量破壊兵器製造施設はすでに存在していないことを知っていた。しかしそのＣＩＡでは幹部たちがあっという間にホワイトハウスの戦争熱に乗せられて、ブッシュに開戦の口実を与えてしまったのだ。

情報機関の職員たちや、イラク戦争へ至る過程を取材したジャーナリストたちは、クリントン、ブッシュ両政権でＣＩＡ長官を務めたジョージ・テネットに関する評価では一致している。当時ブッシュ政権は、情報源が怪しい、または確かめようのない、あるいはまったくデタラメな機密情報に関する報告を常時でっちあげては政権内で共有し、マスコミにリークし続けた。だがＣＩＡのテネット長官はそれに抵抗し得るだけのリーダーシップに欠けていた、というものだ。「ＣＩＡの上層部はブッシュ政権にしっかり物申すことをしなかったのだと思います」と、『ニューヨーク・タイムズ』紙のジェームズ・ライゼンは言う。「固定観念でがんじがらめで、自分たちの確信に反する内容の情報があっても、きちんと検証しなかった。きっと現地に行けば大量破壊兵器は見つかるだろうと、高をくくっていたのでしょうね。それが大間違いだった。ＣＩＡの歴史の中でも、実に奇妙な一ページだったと言えるでしょう」。

イラク戦争の前と後を通じて、いかにアメリカのメディアがやるべき仕事をやらなかったか、その決定的な事実は二〇〇八年に刊行された『あまりに長き誤り』《原題 *So Wrong for So Long*》という本を読むとよくわかる。これは『エディター&パブリッシャー』誌［北米の新聞業界に関する月刊業界誌］のためにジャーナリストのグレッグ・ミッチェルがまとめた一冊で、七五本を超えるイラクに関する雑誌記事を収載している。二〇〇三年の初頭以来、ミッチェルはイラクをめぐるさまざまな主張に一貫して疑問を投げかけた数少ないコラムニストの一人だった。ミッチェルの本が明かしているとおり、確かに一部の雑誌やオンライン出版物は迫りつつある戦争に警鐘を鳴らす記事を載せた。しかし圧倒的多数の主要報道機関はブッシュ政権の戦前のプロパガンダを鵜呑みにしたのだった。

新聞業界では、ナイト・リッダー社［地方紙三十数紙を所有していた大手新聞企業。二〇〇六年に身売りした］を唯一の顕著な例外として、ブッシュ政権の戦争熱に疑問を呈することはまずなかった。中でも特に好戦的で欺瞞《ぎまん》に満ちた論説記事を載せたのが、アメリカを代表する大手二紙、『ニューヨーク・タイムズ』と『ワシントン・ポスト』だった（国家安全保障政策におけるこの二紙と当局との共謀関係は、冷戦時代のスパイの帝王、アレン・ダレスCIA長官の時代にまで遡る）。

『ワシントン・ポスト』紙の米軍担当記者、トーマス・リックスはミッチェルにこう証言したという——「編集者たちの間には、『いいか、この国戦争をするんだぞ、それに逆行するネタを気にかける必要なんてあるかよ?』といった態度が見られました」。

米軍がイラクに侵攻する直前、リックスの同僚記者のカレン・デヨングとデイナ・プリーストは編集者と組んで一本の記事を書き上げた。サダム・フセインが核開発計画のためにウランを入手しようとしている、というブッシュ政権の主張に疑問を投げかけるものだった。しかし『ワシントン・ポスト』紙は、イラク戦争が始まるまで記事の掲載を見送った。「私たちは権力の座にある政権の単なる代弁者なんですよ」と、憤慨したデヨング記者がミッチェルに言ったのも無理はない[*1]。

開戦後、『ワシントン・ポスト』紙の編集部は一貫してタカ派の立場を取り続けた。ミッチェルは指摘する——「同紙はイラク戦争について繰り返し的外れなことを書いていたレギュラー執筆陣(しかもその連中は戦争に反対する批評家たちを嘲笑していた)のコラムを掲載し続けたばかりか、(社説担当に)わざわざマイケル・ガーソンを雇い上げたほどだ。イラク侵攻の準備段階でブッシュ大統領の筆頭スピーチライターだった人物だ」。

さらに、イラクのフセイン政権打倒を主張したネオコンの中心人物の一人、ウィリアム・

クリストルも『ワシントン・ポスト』紙のコラムを頻繁に執筆していた。ミッチェルによれば、クリストルは「事実上、同紙のほぼすべての記事内容と矛盾するような」意見記事をしばしば書いていた。イラク戦争が泥沼化して初めて、『ワシントン・ポスト』紙はみずからの報道内容に疑問を抱き始めたのだった。そして同紙のメディア評論家のハワード・クルツも、一面で一四〇もの記事がイラク戦争を支持したのに対し、反対の視点はあっさり「どこかへ行ってしまった」と認めたのである。*2

ガセネタに踊らされた『ニューヨーク・タイムズ』紙記者

『ワシントン・ポスト』紙も全力でイラク戦争支持の論陣を張ったが、『ニューヨーク・タイムズ』紙には及ばなかった。なぜなら『ワシントン・ポスト』紙にはジュディス・ミラーのような記者がいなかったからだ。『ニューヨーク・タイムズ』紙はイラク戦争への道を決定づけた最後の半年間、絶大な影響力を持ちながらも結果的には言い訳の余地のない誤った記事の数々を一面に載せた。そして開戦を正当化するのに一役買ったそれらの記事は、ほぼすべてミラーの単独または共同執筆によるものだった。二〇一五年に出版した回想録『ザ・ストーリー』の中で、ミラーはみずからの誤報をさまざまな要因のせいにしようとしている。父親が亡くなったことまで、追うべき手がかりを追えなかった一因に挙げているほどだ。ミラー自身が書いているとおり、『ニューヨーク・タイムズ』紙の一介の記者から、ブッシュ政権が主導した戦争の宣伝活動屋《プロパガンディスト》になるまでの数奇な旅路は、二〇〇一年一一月、空港の手荷物受け取りエリアで始まった。亡命イラク人のリーダーでホラ吹きとして悪名高いアフマド・チャラビに出くわしたのだ。のちにミラーの顔を潰すことになる一連の記事は、たいていこのチャラビが情報源だった。手荷物が出てくるのを待ちながら、サダム・フセインが計画しているという大量破壊兵器開発計画について、何か新情報はないかとミラーはチャラビに訊いてみた。ない、とそのときチャラビは答えたが、翌月、フセイン政権から離反したアドナン・イーサン・サイード・アル・ハイデリなる男をミラーに紹介した。「放射性物質やその他の非通常兵器を貯蔵できるよう、サダム・フセインのためにイラク全土で諸施設を改造した」と主張していた人物である。*3

ミラー記者はハイデリに会うためにバンコクへ飛び、同年一二月二〇日、『ニューヨーク・タイムズ』紙は彼女の記事を一面に載せた。ハイデリは「イラクの化学兵器または生物兵器計画に関連すると考えられる、最低二〇カ所の施設をみずから訪れた」と、ミラーは書いた。そしてそれらの施設は「地下水路、個人の別荘、それにバグダードのサダム・

フセイン病院の地下など」に密かに設けられているものもあるとした。[*4] 恐怖を煽ろうとするミラーの報道キャンペーンが動き出したのだ。サダム・フセインが開発しているとされる最終兵器に関する恐るべき話題の数々で警鐘を鳴らし続け、戦争への道を開くのに貢献したのである。だがミラーのその他の取材記事と同様、ハイデリの証言も虚偽であることが判明した。開戦後の二〇〇四年五月、『ニューヨーク・タイムズ』紙は読者へのお知らせの中で、おずおずと申し開きをするはめになった。すなわちハイデリはミラーに教えた各兵器関連施設へアメリカの査察官らを案内したが、「兵器開発に使用された証拠を発見できなかった」と。[*5] ミラー記者はイラク戦争中、大量破壊兵器査察チームの同行取材を許されていたから、上司の編集者らが苛だちを募らせる中、不毛な捜索を間近に見ることができたわけである。

米軍のイラク侵攻に論拠を与えた『ニューヨーク・タイムズ』紙の誤報記事

イラク戦争の開戦に至るまで、ホワイトハウスの報道官らは盛んに報道機関と接触し、アメリカが決定的な行動に打って出なければ、われわれの未来の上空に「キノコ雲」が立ち上ることになるかもしれないと脅し続けた。そうした中、あらゆる報道の中で、ブッシュ政権にイラク侵攻の論拠を与える上でもっとも大きな役割を果たしたのがミラー記者の取材活動（それを「取材」などと呼べるとしてだが）だった。中でも開戦前、飛び抜けて重要だった（そして不名誉にも誤報だった）ミラーの記事は、『ニューヨーク・タイムズ』紙の一面トップで大見出しを掲げて報じられたもので、サダム・フセインが核兵器開発のために「何千本もの」アルミニウム管を確保しようとしている、という内容だった。

それはミラーと『ニューヨーク・タイムズ』紙の同僚のマイケル・ゴードン記者による二〇〇二年九月八日の記事で、ブッシュ政権当局者の証言を匿名で引きながら次のように報じた――「サダム・フセインが大量破壊兵器の放棄に同意してから一〇年以上を経て、再びイラクは核兵器開発に本腰を入れ、原爆製造のための物資を世界中で渉猟《しょうりょう》し始めている。イラクが核兵器保有に意欲を抱いていることを示す徴候は、こうした物資購入の試みに留まらない。ここ数カ月、フセイン大統領はイラクを代表する核科学者らと繰り返し会談しており、わが国の機密情報によれば、欧米諸国との対決路線の推進に貢献しているとして科学者らの努力を讃えたという*6」。

アルミ管に関するミラーの記事が出たその日、ディック・チェイニー副大統領はテレビに出演し、サダム・フセインの裏切りの証拠としてミラーのいわゆる発見に言及した。そしてフセインが「核兵器製造」を試みていることを「われわれは絶対的な確信を持って、知っているのだ」とチェイニーは断言した。

一方、ブッシュの国家安全保障問題担当大統領補佐官だったコンドリーザ・ライスは、CNNのウォルフ・ブリッツァーとのインタビューの中で、とんでもなく誇張された発言をして世界中でトップニュースとなった。当時のブッシュ大統領のスピーチライターで、のちに『ワシントン・ポスト』紙のスタッフに加わったマイケル・ガーソンの手による原稿をもとに、ライスは言い放った——「問題は、彼がどれほど短期間で核兵器を手に入れられるか、常に不確実性がつきまとうということです。火のないところに煙は立たないと言いますが、その煙がキノコ雲であってはまずいわけです[*7]」。

責任を負わなかった『ニューヨーク・タイムズ』紙編集部

ミラーの一連の記事は最終的に二〇〇四年五月、当の『ニューヨーク・タイムズ』紙によって批判された。イラク侵攻から一年以上も経ってからである。しかし一〇ページ目という、目立たない紙面に埋もれるようにして掲載された編集長による簡潔な通知は、ほんの申しわけ程度の謝罪にすぎなかった。ミラーの記事は彼女の取材に問題があっただけでなく、編集上の判断としても大失態であったにもかかわらず、ハウエル・レインズとその後任のビル・ケラー両編集長を含め、彼女の上司の編集者たちは一人も名指しで責任を問われることはなかった。「編集長より」と題され、そっけのない言葉で記された読者へのお知らせ欄で、『ニューヨーク・タイムズ』紙は驚くべき独善的な調子でみずからの過失を過小評価し、ミラーの取材記事は「本来あるべき厳密さに欠けていました」と認めた。その上で、記事のお目付役の編集者たち（同紙は氏名を明かさなかった）についても、「記者たちに問いを突きつけ、いっそうの慎重さを求めるべきであったところ、当紙にいち早くスクープ記事を載せようとの熱意がおそらくは大きすぎたのでしょう」とつけ加えただけだった。

二〇〇三年七月に『ニューヨーク・タイムズ』紙の編集部トップに就任したビル・ケラーは、同紙の論説員だったころ、イラク戦争開戦まで軍事行動の必要性を訴え続けた著名人の一人だった。編集長としてミラーの記事を正式に誤報と認めさせられたとき、ケラーは同紙の失態を軽く受け流そうとした。のちにケラーは『ワシントン・ポスト』紙の取材に対し、大量破壊兵器の報道をめぐる問題が編集部にとって不都合な「厄介ごと」になったから、「編集長より」というおことわりを出したまでだ、と述べた。「われわれの報道に関する噂が世間に広まってしまったが、おおかた誇張されているか、誤った情報に基づいていた」[*8]と。

ジュディス・ミラーのジャーナリストとしてのキャリアは無残な終わりを迎えたが、『ニューヨーク・タイムズ』紙のイラク戦争前の報道に対する責任は、記者一人の処分では片づけられないほど根深いものがあった。主戦論を唱えるブッシュ＝チェイニー政権に踊らされたのはミラー記者だけではなく、『ニューヨーク・タイムズ』紙編集部という組織全体だったのだ。ミラーは回想録の中で、同紙が大量破壊兵器に関する報道を撤回した際、読者へのお知らせの原稿をめぐって彼女がケラーともめたことを記している。自分だけに不当に全責任をなすりつけるものだと、ミラーが抗議したのだ。なぜ編集部はジェームズ・ライゼンとデイヴィド・ジョンソンの記事は批判しないのかと、ミラーは問い詰めた。一面に掲載された大量破壊兵器に関する二人の記事は、「イラクが化学・生物兵器、そしておそらくは核兵器の開発を続けていることは、情報諸機関の間で広く認識されている」とし、イラクは「いまだに国連の査察官らに対し、大量破壊兵器開発計画を隠蔽しようとしている」と報じていたのだ。また開戦直前、同紙がクウェート支社の責任者としてチャラビの姪を雇用したという事実はどうなるのか。さらにミラーは書いている──「それに、イラクの訓練キャンプではアルカイダの志願兵らに対し、航空機ハイジャックの訓練を行っている、というまったくもって独占的なクリス・ヘッジズの特ダネはどうなのか。彼の一連の記事はもっぱらチャラビに紹介されたわずか三人（強調はミラーによる）のイラク政府からの離反者に依拠していたというのに」[*9]。

ミラーは退職時、ケラーとの論争を公表しないとの合意書にサインをした。ケラー側も約束を守るはずだった。だからミラーの誤報記事を撤回させられたことは自分のキャリアの「汚点」の一つだとのちにケラーが述べたとき[*10]、ミラーが憤慨したのも無理はない。

CIAがリークしたイラクの大量破壊兵器の真実

皮肉なことに、イラクに関するもっとも正確な報道はＣＩＡがリークした情報に依拠していた。ブッシュ政権、特にチェイニー副大統領のオフィスがイラク侵攻を正当化しようと機密情報を操作していることに対し、ＣＩＡ局内に反感が広まっていたのだ。当時ナイト・リッダー系の各紙で国家安全保障問題を担当していたジョナサン・ランデイ記者は、ブッシュ政権のイラク戦争推進プロパガンダに打撃を与えることに成功した数少ないジャーナリストの一人である。そしてそれはＣＩＡの協力のおかげだった。イラクの大量破壊兵器開発計画について、『ニューヨーク・タイムズ』紙以外の各紙も報じ始めたころ、それらは特にチェイニーの側近らブッシュ政権当局者たちがマスコミにリークした情報に基づいているのだと、CIAの情報提供者はランデイに教えた。チェイニーのスタッフが自分たちのねらいに都合のいい情報だけを選別し、イラクが大量破壊兵器を保有しているという主張を裏づけてくれそうな報告書を流布させ、その一方でブッシュ政権の主戦論を切り崩すような機密情報は黙殺している――ランデイはそんな事実をCIAからのリークで初めて知ったことを、私のインタビューに答えて語ってくれた。

一例を挙げれば、CIAはサダム・フセイン政権が九・一一同時多発テロとはまったく無関係だとの結論に達していた。それにもかかわらず、ブッシュ政権当局者たちは(CIAの分析官らがすでに退けた)一通の報告書をリークして流布させたというのだ。それは九・一一テロ事件のハイジャック犯の一人、アルカイダのモハメド・アタが事件前、イラクの情報部工作員とプラハで会っていたとするものだ。この偽情報はまずロイター通信が取り上げ、そこから『ニューヨーク・タイムズ』紙など各紙の一面記事へと広まっていった。ランデイはCIA内部の協力者たちについて、「彼らはチェイニーがやっていることに不満を抱いていたのです」と言う。

イラクに関するチェイニー一派の誤った主張を暴いたもう一人の記者がマイケル・イシコフだ。現在はヤフー・ニュースの調査特派員だが、当時は『ニューズウィーク』誌の国家安全保障問題担当の記者として、モハメド・アタがプラハにいたという情報の嘘をすっぱ抜いた。「CIAはその誤った報告をチェコの情報機関から受け取りました。それを早い段階から主戦論者たちが取り上げ、チェイニーもテレビの『ミート・ザ・プレス』に出演して言及していたわけです」と、イシコフは最近ワシントンでランチを共にしたときに回想してくれた。モハメド・アタとイラク情報部との接触が事実ならば、アメリカのイラク侵攻が正当化され得ることを知っていたイシコフは、さらに取材を進めた。そしてついに二〇〇二年五月五日、『ニューズウィーク』誌に載せた記事でこの情報を叩き潰した。*11

この情報が間違っていたことをチェコの情報部当局者が認め、密談が行われたとされる時期にアタはプラハに滞在すらしていなかったことをアメリカ側当局者も今や確信している――イシコフはそう暴露したのだ。イシコフによれば、この記事を書けたのも、チェイニーに対抗しようとしていたCIA内の情報提供者たちのおかげだったという。

「もちろん（イラクと）アルカイダの結びつきについては、CIAも（主戦論者たちを）押し返そうとしたわけです。実際、多くの記事に結実しました」とイシコフは言う。しかしそれでもなお、イラク戦争に関してCIAがまったく潔白だったわけではないと、イシコフはつけ加えた。実のところ、サダム・フセインがアルカイダを支援していたという説に関して、イシコフが「あらゆる機密情報の中で最大の誤謬」と呼ぶ情報は、イブン・シャイフ・アッ・リビというリビア人がCIAに語ったものだった。リビは二〇〇一年一一月にアフガニスタンで拘束されると、エジプトへ連行されて拷問を受けた。そしてサダム・フセインがアルカイダのテロリストたちに化学兵器を使う訓練を行ってきたと、尋問官らに答えたのだ。CIAのテネット長官がこの報告書に署名をしたのち、コリン・パウエル国務長官はリビに関するCIAの情報を例の二〇〇三年二月五日の国連安保理での演説に盛り込んだ。イラクの大量破壊兵器開発計画の証拠があると主張した、あの悪名高いパウエルのスピーチである。「完全ないかさまでした。リビ自身が撤回したのですから」とイシコフは言う。CIAは不都合な人物となったリビをリビアへ連行した。三年後、リビはカダフィ大佐政権が設けた政治犯収容所で自殺したとされている。

コリン・パウエルの国連演説と「イエロー・ケーキ」の嘘

ブッシュ政権は米軍のイラク侵攻計画に対し、アメリカのメディアと世論の支持を取りつけようとプロパガンダ作戦を展開していた。三月の開戦によって成功裏に終わったこの宣伝キャンペーンの中で、パウエルの虚偽を含んだ二〇〇三年二月の演説が決定的な画期となった。アメリカのメディアは競うようにパウエルの見事な演説を褒《ほ》めそやした。だがのちには、軍人出身のパウエルの政治家人生において、この演説が最大の失態であったことが明らかになったのだ。ジャーナリストのグレッグ・ミッチェルが振り返ったとおり、「CNNのビル・シュナイダーは『誰一人として』パウエルの情報を疑っていないと述べたし、ボブ・ウッドワードも、侵攻しても大量破壊兵器が見つからなかったらどうなるのかとCNNのラリー・キングに問われ、こう答えています――『そうなる確率はほぼゼロパーセントだと思います。証拠がありすぎるほどですから』と」。[*12] 全米各紙がパウエルの演説ぶりを讃えた。「パワフルで……冷静かつ事実に基づいた主張」(『ニューヨーク・タイムズ』紙)、「雄大でエレガント、印象的」(『サンフランシスコ・クロニクル』紙)、「圧倒的」(『タンパ・トリビューン』紙)、「衝撃的」(『オレゴニアン』紙)、「お見事」(『ハートフォード・クーラント』紙)。

『ワシントン・ポスト』紙は社説で思い切りパウエルの主戦論に支持を表明し、それはチェイニー副大統領一派の虚偽情報製造工房で執筆されたかと思いたくなるほどだった。同紙は社説でこう言い切った――「イラクの大量破壊兵器保有を疑う人がいることなど想像しがたい」。そして「反対の結論を出せるのは愚か者――あるいはひょっとしてフランス人――だけである」[*13]。

だが外交関係者の間には、報道陣ほど簡単には騙されない人たちがいた。そうした懐疑論者の一人がジョセフ・ウィルソンである。ジョージ・H・W・ブッシュとクリントン両政権で在外公館員や大使を務めた人物だ。パウエルは演説の中で、核弾頭製造に転用できる物質であるウラン精鉱、いわゆる「イエローケーキ」をイラクがアフリカのニジェールで入手しようとした、と主張した。ウィルソンはこれには驚いたと言う。なぜならパウエルの演説の一年前の二〇〇二年二月、CIAはアフリカでの外交経験が豊富なウィルソンを雇い上げ、まさに同じ疑惑を調査するためにニジェールに派遣していたからだ。そしてほどなくして、ウィルソンはこのイエローケーキをめぐる主張を裏づける証拠はないとの結論に達し、帰国後ただちにCIAと国務省に報告したのだった。

しかしブッシュ政権がイラク侵攻へ向けた動きを加速させていく中、すでに否定されたはずのイエローケーキをめぐる疑惑が繰り返し持ち出されるのを見て、ウィルソンは困惑した。尊敬と信頼を大いに集めているパウエルほどの人物まで、国連の演説でこれを蒸し返したのだから、なおさらだった。パウエルの演説からひと月後、ブッシュ政権が「衝撃と畏怖作戦」でイラク侵攻に乗り出したころには、アメリカの国民は騙されたのだと、ウィルソンは確信していた。二〇〇三年七月六日、ウィルソンは「私がアフリカで見つけなかったもの」と題した挑発的な論説記事を『ニューヨーク・タイムズ』紙に寄稿した。ウィルソンは書いている――「開戦へ至る数カ月間の私の体験に基づいて言えば、イラクの核兵器開発計画に関連する機密情報の一部は、イラクの脅威を誇張するように歪曲されたのだと、結論づけざるを得ない」。

ブッシュ政権の意趣返し

ブッシュ政権はすぐに反撃に出た。ウィルソンの論説が掲載された一週間後、リチャード・アーミテージ国務副長官はあるリーク情報に基づき、ウィルソンの妻のヴァレリー・プレイムがCIA職員であることをワシントンのさまざまな報道関係者に告げた（のちにこの情報の出どころはチェイニーの首席補佐官、ルイス・〝スクーター〟・リビーと判明した）。二〇〇三年七月一四日、新聞連盟系の保守派論説員、ロバート・ノヴァックは「ニジェールへのミッション」と題した論説記事を『ワシントン・ポスト』紙に寄せ、プレイムの実名を公表。彼女の素性を明かして隠密行動をできなくし、彼女の「資産」である情報提供者たちの人的ネットワークを危険にさらし、彼女のスパイ人生を事実上終わらせた。ウィルソンがテレビに出演してノヴァックとその仲間の政権の取り巻き連中を非難すると、保守系メディアはウィルソン夫妻に対する攻撃をエスカレートさせた。民主党だけでなく、共和党の大統領らのもとでも優れた仕事をしてきた二人だというのに。

犯罪捜査の結果、最終的にはスクーター・リビーは起訴され、有罪判決を受けた。だがブッシュ大統領が減刑を命じて、投獄は免れた。皮肉なことに、鉄格子の向こうに入ることになった唯一の人物は、『ニューヨーク・タイムズ』紙のジュディス・ミラー記者だった。彼女は『ワシントン・ポスト』紙のボブ・ウッドワードを含む多数の記者たちと同様、プレイムの名前とCIAでの職位を教えてくれた政権関係者の名を明らかにせよと、当局に命じられた。だが情報源を明かすことを拒んだ彼女は八五日間を獄中で過ごすことになったのだった。ミラーはのちにジャーナリストとしての信頼をなんとか取り戻そうと、回想録の中でこの不幸なエピソードを最大限活用したが、効果はなかった。

『ニューヨーク・タイムズ』紙のジェームズ・ライゼンによれば、九・一一のテロ事件以降、国家安全保障問題に関する取材はただでさえ難しくなっていたが、プレイム事件で記者が訴追されたことでいっそう困難になったという。ライゼンは言った——「九・一一以前、機密情報の取材はもっとずっと容易でした。当局がリークした情報に対して捜査が入る恐れもぐっと少なかった。だから今日のように、犯罪捜査の対象になるかもしれないといったプレッシャーなどありませんでした。プレイムの一件をきっかけに、こうした案件を追及すれば名を上げられると、検事たちは感じるようになったのだと思います。それ以前は、政府関係者が記者をとっちめたいと思うことなどありませんでした。キレたりもしなかった。もっと冷静に対処したのです。政府側も、私たち記者には記者としてやるべき仕事があって、政府としては気に食わないものでも国民が事実を知ることは重要なのだと、理解していました。ところがプレイム事件以降、何ごとにつけますます報道陣と政府の関係は険悪になってきてしまったのです」。

米軍の統制下に「埋め込まれる」従軍記者たち

だが実のところ、国家安全保障問題を担当する記者たちの中には、ジェームズ・ライゼンのようにブッシュ＝チェイニー政権に懸念を抱かせるような者は極めて稀だった。二〇〇三年三月二〇日、米軍がイラクに侵攻すると、アメリカのおおかたの報道関係者はまるで国防総省の宣伝ボランティアのような役割を果たすようになった。湾岸戦争のときに軍が報道陣を統制しようとしたのと同様に、イラク戦争を取材する記者たちはほぼ例外なく、従軍記者として軍の部隊に「埋め込み《エンベッド》」されるしか選択の余地がないことに気づいた。「エンベッド」というのは米軍が使う隠語で、従軍記者たちを特定の部隊に正式に配属し、そうした従軍記者しか戦闘地域に立ち入らせないという、ベトナム戦争以来の国防総省のポリシーを指す。このため戦争を第三者の目で見つめるという、ジャーナリストの責務を果たすことが以前よりも困難になった。そればかりか、当局の検閲を受け、しかも戦場で同じ塹壕《ざんごう》にこもって敵の銃弾にさらされる体験を兵士たちと共有するだけに、否応なく取材に偏見が入り込むことにもなる。

　ＣＩＡの元職員、フランク・スネップは言う――「ベトナム戦争のときのように記者たちが軍によって『箱に入れられて』行動範囲を限られたり、イラクでも報道陣がグリーン・ゾーン〔イラク戦争直後に米軍が管理下に置いたバグダード中心部の呼称で、厳重な警備で比較的安全とされていた〕から出られず、米軍に『エンベッド』されていると、もう政府の人質になったも同然なのです。ジュディス・ミラーと同じです。彼女は入手した情報が出来過ぎだと感じたのですが、実際にそうだったわけです。大量破壊兵器に関する当局のリーク情報を受け取るようになったミラーは、ベトナム戦争のときの記者たちと同じ状態だったのです。めったにアクセスできない情報源からネタを入手できるが、裏づけの取りようがなかった。なぜならそれ以外の機密情報はまったくないわけですから。ただ、必ずしも政府が報道陣を支配しているというわけではありません。むしろ報道陣が自律性を保つ術《すべ》がなく、政府からのお恵みの情報に完全に依存せざるを得ないということです」。

アメリカをイラク戦争の猛火の中へと駆り立てたプロパガンダ作戦は、チェイニー副大統領のオフィスが率先して指揮をとった。だがいったん地上戦が始まってからは、国防総省がメディア操作を引き継いだ。ちょうど湾岸戦争のときと同じである。その方法は主として、戦闘地域への報道陣の取材を厳しく制限するというもの。ベトナム戦争では戦地のおぞましい映像が世論の反発を招いたわけだが、そうした映像が一般の視聴者の目に入らないようにするのだ。二〇〇四年九月一日から二〇〇五年二月二八日までの半年間で、六〇〇名近い米兵が戦場で戦死した。だが全米第六位までの大手新聞社に対する『ロサンゼルス・タイムズ』紙の調査によれば、各紙には「イラクで戦死したアメリカ人の画像はほとんど掲載されなかった」という*14。

新聞やテレビ局は、イラクから帰還して航空機の貨物室から降ろされてくる星条旗のかかった棺すら、撮影を許されなかった。その一方で、ジョナサン・ランデイが二〇〇五年に暴露したとおり、米軍はイラクのマスコミに対しては、イラク戦争について「新聞、テレビ、ラジオの各メディアで楽観的な報道をさせる」ためにイラク人記者らに金を払った。そしてその事実を隠すためにバグダード記者クラブを通じて支払うことでその資金を「洗浄」していた。これは厳密に言えば必ずしも違法ではない。戦場の米兵を守るのに有効だと主張できる限り、国防総省はいつだってプロパガンダを正当化することができるのだ。だがそれでも尋常でないほど大量の虚偽情報が流されていた。このため情報操作活動に関わった政府関係者たちは、かえって戦争遂行にマイナスにはたらくのではないかと不安になった。「イラクにおけるアメリカに対する信頼を失墜させ」、それが潜在的には「アメリカの国民一般にも『跳ね返って』きて影響を与える」可能性があるのではないか、と。[*15]

だがやがてイラクの戦場がアメリカとイラク双方の犠牲者らで死屍《しし》累々《るいるい》となるにつれ、真実はおのずと明らかになっていった。イラク戦争の最初の一〇年で、少なくとも一二万三〇〇〇人のイラク人の民間人が死亡したと推定されている。これに加えて家を失い、貧困に喘ぎ、戦争による環境悪化で健康を損なった人たちが何十万人もいるのだ。この戦争は中東の近隣地域一帯を不安定化させる連鎖反応も引き起こした。シリアでは内戦とその苦しみの蔓延をもたらし、さらには「イスラム国」のような新たなテロ組織の台頭を招いたのだ。

世間の信頼を失ったメディア大手各社

ブッシュ＝チェイニー政権がイラク戦争へと破滅的な猛進を続けたことで——しかもアメリカの大手報道機関も恥ずべき共謀者となった——ニュースの公式《オフィシャル》の情報源に対して世間の人々は不信感を募らせていった。統制管理されたニュースに嫌気がさした人々は、ウィキリークス［国家機密や企業・団体等の内部告発情報などを公開する非営利のウェブサイト。二〇〇六年創設］など、当局とは距離を置く独立系の情報発信源にますます目を向けるようになった。ウィキリークスはオーストラリアの元ハッカー、ジュリアン・アサンジが創設したもので、米軍のアパッチ武装ヘリコプターのコックピットから撮影されたおぞましい動画を公開したのがきっかけで幅広い注目を集めた。二〇〇七年七月にバグダード上空を飛行中に撮影されたものだ。動画の中でパイロットは、一台の車両の近くに武装反乱グループとおぼしき集団が集合しつつあり、監視中であると無線で司令部に報告。そしてあっという間に平然と砲撃を浴びせてずたずたにしてしまったのである。「武装反乱グループ」とされた人たちは、実はただまじめに職務を

アパッチ武装ヘリコプターによる民間人襲撃の記録。
左上から時計回りに、目標に狙いをつける場面、民間人が逃げ惑う場面、殺害された民間人が倒れている場面。

果たそうとしていたイラク人ジャーナリストたちだった。そして二〇一〇年、こうした映像にショックを受け、「こんなものを自分の頭の中だけにしまっておくことは、どうしてもできなかった」と意図を説明した上で、ブラッドリー・マニングという二二歳の米兵がウィキリークスに七五万件もの機密文書を提供したのである。大部分が米軍や外交関係の電文の記録で、やがて誰でもオンラインで読めるようにアサンジがウィキリークスで公開を始めた。

予想どおり、国家安全保障を何よりも優先する公安国家は、マニングとアサンジの両人を懲らしめるべく素早く動いた。現在は女性に性別を変えた（名前もチェルシーに改名）

マニングは、機密情報を漏洩した罪で三五年の実刑判決を受けて服役中で［本書出版後の二〇一七年一月にオバマ大統領が恩赦による減刑を発表、五月に釈放された］、連邦検事らは同様の容疑でアサンジを起訴する可能性も排除していない。そのアサンジは二〇一二年、イギリスに滞在中、スウェーデンでの性的暴行容疑で送還されそうになり、ロンドンのエクアドル大使館に亡命を求めるはめになった。この容疑はアメリカ政府当局へ引き渡すためのでっちあげだと、アサンジは主張している。二〇一六年二月、国連の作業委員会はアサンジの主張を認める裁定を下し、アサンジが「恣意的に自由を奪われている」として、大使館から自由に出歩くことを許されるべきだと言明した。しかし本書刊行時点では、アサンジはいまだに事実上の軟禁状態にある。

大手メディアと政府の根強い共謀関係

マニングやアサンジのような告発者は、権力に対していまだ目を覚まさずにいる巨大な番人、すなわちアメリカの報道メディアを焚きつけられると思ったのだろうが、すぐに失望することになった。報道メディアは彼らのことを、絶えざる戦争を生み出すアメリカの軍事機構の隠された活動を暴き、実態に迫る洞察を与えてくれたヒーローとして讃えることもできただろう。だがそうではなく、報道メディアの領分を侵す危険で無責任な闖入《ちんにゅう》者《しゃ》として扱ったのだ。『ニューヨーク・タイムズ』紙のビル・ケラーのような編集者たちも、ウィキリークスのスクープの中から平気でつまみ食いをしておきながら、マニングやアサンジを糾弾する記事も載せ、手早く告発者を潰しにかかった。常に権力の追っ手から逃げながら、家と呼べる安住の地もないアサンジに対し、ケラーは衛生管理と身だしなみがなっていないと、嘲笑うことさえしたのだ。

中にはウィキリークスに関する報道内容を事前にオバマ政権と調整した報道機関もあったほどだ。例えば二〇一一年初頭、CBSの報道番組『シックスティ・ミニッツ』がアサンジにインタビューを行うことを公表すると、オバマ政権の当局者が即座に動き出した。それは最近機密扱いを解かれた（当時の）ヒラリー・クリントン国務長官の補佐官たちが送信した電子メールの記録で証明されている。広報担当国務次官補だったフィリップ・J・クローリーからクリントン国務長官宛ての二〇一一年一月二八日の電子メールの中で、予定されているアサンジのテレビ出演が及ぼし得る影響を抑える計画を進めていることをクローリーは報告している。メールではこう告げている――「われわれは番組の『バランスを取る』ために外部専門家や元外交官ら、併せてインタビューすべき候補者を何人か提案しておきました。インタビュー取材では、われわれが指摘しておいたいくつかの質問や懸念事項について取り上げると、『シックスティ・ミニッツ』側は私に保証しました。……番組中でアサンジが持ち出す主張に対して、反論する準備は整っています」。

まさにそのとおり、『シックスティ・ミニッツ』のインタビュアーのスティーブ・クロフトは、アサンジに対して厳しく臨み、ある時点ではあなたは「国家破壊活動家」で「反《アンチ》アメリカ」ではないのかと詰問した。また、「既成のルールを無視している」のだから、そうしたルールに守ってもらえると期待すべきではないと、アサンジを非難した。「そしてもしあなたにそんなことを許すとすれば、それは進んで……」とクロフトが続けたところでアサンジが口を挟んだ。

「で、どうだと言うのですか。進んで報道の自由を認めざるを得なくなるのではありませんか？」

クロフトはアサンジの動機を追及しようとしたが、やりこめることはできなかった。アサンジはインタビューの終盤でこう主張した——もし政府がウィキリークスのような民間の独立した情報源を閉鎖に追い込むようなことをすれば、「アメリカは進むべき道を見失ったということです。建国以来の伝統を骨抜きにして、合衆国憲法修正第一条［信教の自由と、言論・出版・集会などの自由を規定している条項］をゴミ箱に捨てるということです。なぜなら発行者たちは自由に出版・発行できなければならないからです」[*16]。

米軍は早くも二〇〇八年の時点で、ウィキリークスを正式に敵と認める報告書を作成しており、ウィキリークスの背後にいる人々をいかに標的にすべきか、戦略の詳細も記していた。二〇一三年に国家安全保障局（ＮＳＡ）職員のエドワード・スノーデンがリークした機密文書からは、ＮＳＡがすでに米軍の報告書の三年前にはアサンジを「追跡対象者《マンハント》」リストに載せ、イギリスの情報機関と協力してウィキリークスのウェブサイトの閲覧者を監視していたことが明らかになった[*17]。

独立系報道機関の存在意義

エドワード・スノーデンは当時まだ二九歳だったが、権力とメディアの分析にかけては驚くほど老成した青年だった。大手メディアがいわゆる公安国家といかに密接に結びついているか、しっかり認識していたことは間違いない。アメリカの情報監視システムが急速に拡大していくのを見て、そしてテロとの戦争に入ってから十数年、アメリカのあらゆる市民ばかりか同盟国の市民までも容疑者扱いされるようになる中で、危機感を抱いたスノーデンは機密情報の宝の山をリークすることにした。その際、彼が『ニューヨーク・タイムズ』紙やCNNではなく、ローラ・ポイトラスとグレン・グリーンワルドという、独立したフリー・ジャーナリストに声をかけたのはさすがである。ニュースとしてできるだけ広範なインパクトを出すために、『サロン』誌からグリーンワルドのブログが移転していたロンドンの『ガーディアン』紙と、さらに『ワシントン・ポスト』紙も仲間に引き入れた（これにはグリーンワルドは反対だったが）。だがいつ、どのような情報を暴露するかは、スノーデンと二人のフリー・ジャーナリストが決めていた。

グリーンワルドは爆発的な反響を巻き起こしたスノーデンの機密情報の暴露に協力し、『ガーディアン』紙と『ワシントン・ポスト』紙の報道が二〇一四年にピュリッツァー賞を受賞したのち、ポイトラスと調査報道記者のジェレミー・スケイヒルと一緒に、自身のオンライン・ニュース・マガジンの『インターセプト』を立ち上げた。既存のメディアはあまりにも公安国家の言いなりになっており、アメリカで情報の自由な流通を確保するにはしっかりとした独立系の報道機関を設立するしかない、というのがグリーンワルドの信念だった。

スノーデンの機密情報リーク事件についての著書『隠れ場所なし』（原題 *No Place to Hide* 邦訳書『暴露——スノーデンが私に託したファイル』）の中でも、グリーンワルドは大手報道機関の権力追従ぶりの事例を挙げている。例えば、NSAの違法監視のニュースを『ニューヨーク・タイムズ』紙がボツにしたことや、デイナ・プリーストの二〇〇五年の画期的なスクープで明かされたCIAの秘密施設《ブラック・サイト》のありかについて、『ワシントン・ポスト』紙が報じることを控え、結果的にCIAが拘束者たちを拷問し続けることを許した、といったケースである。

アメリカの主要な新聞各紙は取材対象である情報機関とあまりにも密接な関係にあるため、結局のところ政府の視点や価値観をそのまま採用してしまうだけでなく、実際のコミュニケーションのスタイルまで真似てしまうことになるのだと、グリーンワルドは指摘する。例えば『ニューヨーク・タイムズ』紙や『ワシントン・ポスト』紙などでは、論説記事を除いて「拷問」という用語を使いたがらないのもこのためだと、グリーンワルドは言う。「アメリカのジャーナリズムの文化では、記者たちははっきりした断定調の叙述を避けるべきだとされており、どれほど根拠薄弱でも、政府の主張を尊重して記事に組み込まなければならないのだ」とグリーンワルドは著書の中で主張する。「『ワシントン・ポスト』紙のメディア・コラムニスト、エリック・ウェンプルが『中道路線語』と呼んで嘲るような手法を採るのである――決して明確には言わず、逆に政府の言い訳と実際の事実とを同等に信頼できるものとして扱うのだ。だがそうなると、暴かれた事実も薄まってしまい、混乱した、一貫性のない、多くは取るに足らないごたまぜになってしまうのだ[18]」。

リオデジャネイロにあるグリーンワルドの自宅に私が電話をかけてインタビューを行ったとき――クリックするようなカチッという謎の雑音や、突然の通信途絶などで何度か中断されたのだが――グリーンワルドは遥かリオの自宅から眺めていると、エリート報道機関と政府の違いがほとんどないように見えると言った。「アメリカの既成メディアはひどく政府と近しい関係にあり、政府と同じような反応を示すわけです」とグリーンワルドは主張した。「だから政府がある特定のタイプのジャーナリズムを敵視すると、メディアも追随する。政府とメディアは区別がつかないほど一体だからです。ウィキリークスやスノーデンのケースで目にしたとおりですよ」。

グリーンワルドは『ニューヨーク・タイムズ』と『ワシントン・ポスト』両紙の自分に対する扱いについても触れた。どちらもグリーンワルドの取材の意図だけでなく、まっとうなジャーナリストかどうかという点にまで疑問を呈する何本もの意見記事を掲載した。グリーンワルドの人物像を紹介した『ニューヨーク・タイムズ』紙の二〇一三年のオンライン記事は「新《ニュー》たなリークの中心人物、（権力による）監視に反対する活動家」と題されていた。記者ではなく「活動家」で片づけられたことにグリーンワルドが抗議すると、同紙は紙版では「監視に注目するブロガーが論争の渦中に」と、「格上げ」してみせた。

グリーンワルドはこう結論づけた——「政府の違法な活動に光を当てるジャーナリストを、政府が攻撃するのは予想がつくことです。しかしアメリカでは、政府はそんなことをするまでもありません。メディアがやってくれますからね」と。

マニングやスノーデンのような告発者、ウィキリークスのような一匹オオカミ型の情報サイト、そしてグリーンワルドのような独立系ジャーナリストの台頭により、国家安全保障政策を取り仕切る人たちにとっては頭痛の種が増えたと言えるだろう。それでもなお、CIA、国防総省、NSAといった諸機関は今も報道を管理する強大な力を持っている。

次章では、ジャーナリストと内部告発者がチームを組み、米軍のグアンタナモ収容所で行われた衝撃的な虐待事件を暴露し、ジャーナリズムの著名な賞を受賞したにもかかわらず、報道界から抹殺されてしまったという事例を見ていこう。

第五章　グアンタナモ収容所の隠蔽工作

二〇〇一年九月、崩壊した世界貿易センタービルの瓦礫の粉塵が収まるや否や、公安国家アメリカは一連の秘密政策の実施に乗り出した。それらはいつ終わるとも知れない戦争と、世界規模で監視をし、身柄を拘束するシステムの急激な拡大へとつながった。ＣＩＡはホワイトハウスと国防総省の職員、および選りすぐりの憲法学者たちと密接に協力し合い、巨大なスパイ網や「囚人特例移送制度」を構築し、「秘密施設《ブラック・サイト》」における「強化型尋問」の蔓延などをもたらした。要するに「政府公認の誘拐」と、「秘密収容所」における「拷問」だ。それもすべて国内法と国際法の枠組みの埒外で行うのである。このことはすでに広く報じられてきたが、この「超法規的」な制度の心臓部は、キューバの南端、アメリカ最古の在外米軍基地にある国防総省のグアンタナモ収容所だ。この施設には最重要クラスの囚人たちが収容されており、国際的にも極めて関心が高いだけに、この俗称「ギトモＧｉｔｍｏ」を訪れる報道機関のために、当局は入念に演出をした取材コースを設けた。

プロパガンダ一色のグアンタナモ収容所取材ツアー

「連中は、私たちを連れてきては手の込んだ芝居を打って、どれほどすばらしい施設かを見せようとしました」と、『ポリティコ』誌の国防総省担当記者のブライアン・ベンダー

は言った。オンライン・ニュースサイト『ヴァイス・ニュース』のジェイソン・レオポルドも何度かグアンタナモ収容所を取材したことがあるが、取材は事実上の「メディア向けのサーカス」とでも呼ぶべき代物だとして、ベンダーと同様の感想を抱いている。レオポルドは言う

――「情報操作どころの話じゃない。まったくプロパガンダと洗脳そのものだ。米軍が演出した『すばらしき施設グアンタナモ』を見せられるだけだ。グアンタナモというのはそんな場所だ。『収容者用にこんなにたくさんビデオ・ゲームや本があるんですよ。食事も見てくださ い! 収容者たちにどんな食事を出しているか、ぜひ試食してみてください』なんていう具合さ。ふざけんな、相手は監獄にぶち込まれているん

だぞ、って言ってやりたいね」。

しかし予想どおり、グアンタナモ収容所を訪れた記者の多くは、軍のプロパガンダを喜んで鵜呑みにした。つまり、「強いて言えばグアンタナモの収容者は待遇がよすぎる」とまで思い込まされたのだ。レオポルドはグアンタナモ収容所を紹介する記事の中で、国防総省独特の言い回しに騙されないよう注意したと述べている。例えば鉄製の足枷《あしかせ》は「人道的拘束具」、所内でハンガー・ストライキをやる収容者に使われることの多い強制的な食料摂取は「経腸栄養摂取」［一般に、管を通して流動食や栄養剤などを胃や腸へ直接注入する方法］と呼ばれるのだ。レオポルドは記者人生の中でも、グアンタナモの取材中ほど洗脳されているように感じたことはないと言う。「すべてがお芝居。何もかもがリハーサルどおりだった。どんなことを言うかまでリハーサル済みだ。当局は看守たちの発言もすべて決めて指示していたのさ。看守にインタビューするときは必ず担当者が立ち会って聞き耳をたてている。それ以外には見学者の質問には答えさせない。グアンタナモほどの秘密主義は見たことがない。ブラックホールだよ」とレオポルドは取材を回想して言った。

二〇一三年のある日、たまたま見学者はレオポルドだけ、ということがあった。そのとき、国防総省のまやかしのベールの奥を垣間見ることができた。グアンタナモ収容所のメ

キューバの在外米軍基地にあるグアンタナモ収容所の様子。

ディア・センターで、案内係が席をはずしている数分間、一人きりになったのだ。「一人ぼっちでその部屋にいたとき、床にいろいろなカードが散乱しているのに気づいたんだ」と、レオポルドはそのときの様子を回想する。その一枚を拾って裏表の両面を読んでみた。これはすごい、とレオポルドは思った。「大発見だった。これだけでも収容所へ来た価値があったというものだ」とレオポルド。手にしていたのは広報官用の「スマート・カード」と呼ばれるもので、取材記者に対して視察を認めるべきことと、認めるべきでないことの指示が書かれていたのだ。

「しゃべってもよいこと」という項目には「打ち出すべきこと《ミッション》――安全、人道的で合法的、隠しごとなし」といったキャッチフレーズが書かれており、さらには「ある看守の一日」など、案内する際に使える「ストーリー」の案まで記されていた。「インタビューの主導権を握り、自信を失わないこと」などと指示するカードもあったし、「横道へそれないこと」として、「重要収容者」、収容者の「自殺」、「弁護士の主張」や「捜査の結果」、それに「収容者の釈放に関する憶測」などは、いついかなるときも話題にしてはならない、とつけ加えてあった。カードの最後には、「すべては記録に残ることに注意し、決して『ノーコメント』とは言わないこと」と、メディア関係者の案内役に念を押していた。

特別扱いを受けた大手テレビ局――グアンタナモ収容所独占取材

ＣＢＳの報道番組『シックスティ・ミニッツ』では、リポーターのレスリー・スタール記者の取材チームが収容所の見学ツアーを許可され、「前例のない取材許可」と称して放送した。それを見たレオポルドはこれがどういう経緯で許可されたものか、すぐに国防総省の広報部へ問い合わせた。国防総省が返答を拒むと、レオポルドは情報自由法に基づき、『シックスティ・ミニッツ』の取材陣の訪問に関連するすべての電子メールその他のやりとりの公開を要求した。「（ほかの記者たちが）グアンタナモへ行くときは、気前のいい取材許可なんてもらえない」とレオポルドは不満をこぼした。「収容棟を見せられても、空っぽだ。収容者の姿は遠くからしか見ることはできない」。だから『シックスティ・ミニッツ』の取材映像を見たときには目を疑い、冗談きついぜ、と思ったという。「騒々しい収容棟をレスリー・スタールが歩いていて、収容者たちが『俺たちは拷問を受けている、ここから出してくれ』なんて叫んでいるわけだ。われわれにはこんな突っ込んだ取材は許可されなかった。いったいどうやってこんなことができたのか？」。

情報自由法による開示請求をしてから二カ月後、レオポルドは国防総省の広報部から苦情の電話を受けた。請求に対応するのに時間を浪費させられている、というのだ。「あなたがどうしてこんなことをしているのか説明してもらえませんかね。私があなたに『電子メールを全部見せろ』と言ったらどんな気がするか、教えてほしいものですよ」と、広報官はレオポルドに言った。

レオポルドは広報官に個人的な恨みがあるわけではない、と断った上で、「あなたの電子メールすべてを開示させられることになるとは思いませんでしたよ。私は（CBSが）どういう経緯で取材許可を得たのかを知りたいだけなのですよ」と伝えた。

レオポルドによれば、このあとに国防総省広報部から手痛いしっぺ返しを受けたという。

国防総省はレオポルドが請求した情報をライバル紙の記者にリークしてしまったのだ。レオポルドは説明する──「私は情報自由法に基づいて文書の開示を請求した。するとやがてその文書は、競争相手の『マイアミ・ヘラルド』紙の記者に先に提供されてしまったんだ。どうしてそんなことになるかというと、『まあ、情報自由法でいったん開示されてしまえば、誰でも閲覧可能になりますからね』と国防総省は言うんだ。確かにそのとおり、そんなことは知っている。でも普通はそういうことにはならないはずだ……私は仕返しをされたってわけさ」。

取材受け入れ前の念入りすぎるリハーサル

グアンタナモ収容所の看守たちの多くは二〇歳そこそこだが、ジョセフ・ヒックマンは二〇〇六年に着任したときにすでに三〇代だった。元刑務官のヒックマンは、九・一一同時多発テロ事件のあとに陸軍に入隊。空挺レンジャーの訓練を完了したのち、メリーランド州の州兵となり、そこからグアンタナモへ派遣されてきたのだった。「一大猿芝居とでも言いましょうか、われわれのマスコミの操作の仕方といったら、尋常ではありませんでした」とヒックマンは回想する。ヒックマンによれば、記者の訪問予定が入るたびに、広

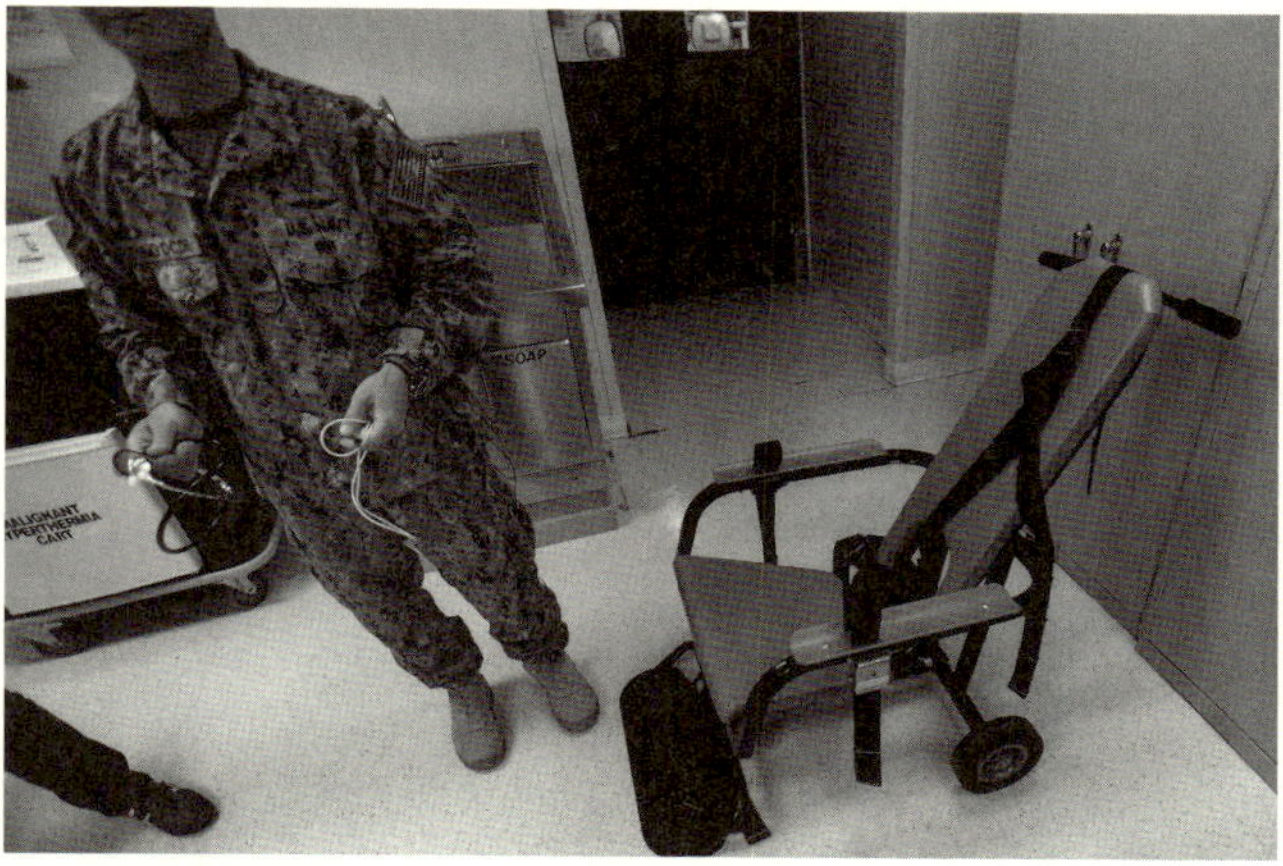

食事を拒む収容者に、強制的に食料を摂取させるための拘束椅子。

報官らは一週間前から準備を始めたという。「記者が来る二、三日前からは案内する予定の場所でリハーサルをしました。別の看守が記者の役をやりましてね。細部にいたるまでリハーサルをしましたよ」とヒックマンは言う。

視察ツアーが綿密な台本に沿っていることを記者たちに悟られないために、「ギトモ」の広報官らはその場の思いつきに見せかけるようなことも練習した、とヒックマンは言う。「案内役の広報官が『ちょっとこっちに行ってみましょうか？　様子を見てみましょう』なんて言うわけです。いつもそんなことをやってました」。収容所の中で、ジャーナリストの立ち入りが許されるのは模範囚のいる区画だけだとヒックマンは証言する。「余計なことを言う囚人がいると、記者が来る前に最高度の警備の独房に移してしまうんです。何をやらかすかわからない囚人たちはあらかじめチェックしておいて、実際に余計なことを叫んだりすればすぐに最高警備の独房行きです」。

一度だけ、看守たちがひどく緊張して記者の訪問を待ち受けたことがあったと、ヒックマンは語った。ABCの報道番組『ナイトライン』のアンカーとして定評のあったテッド・コッペルが来るというときだった。当時コッペルは、ディスカバリーチャンネルのテロに対する戦争に関する三時間の特集番組の取材をしていた（二〇〇六年九月放送）。「なぜだか看守たちはコッペルの名にめちゃくちゃ震え上がっていました。彼が何らかの情報を握っているのではないかと恐れていたのか、私にはわかりませんが、二週間もかけて毎日リハーサルをしました」。これに対して、フォックス・ニュースのビル・オライリーが来たときには、練習は二日だけだったという。「オライリーならば、われわれにとってまずいリポートはしないはずだと、初めからわかっていたからです」とヒックマンは言う。

蓋を開けてみれば、国防総省としてはコッペルをそんなに恐れる必要はなかった。三日間グアンタナモに滞在した結果、コッペルの鋭い（はずの）目に映ったのは「収容者はみな髭《ひげ》を長く伸ばしている」、そしてどこの刑務所の囚人たちとも同じように「武器を持っているような別の状況で出会わない限り、見たところとうてい危険な人たちとは思えない」といった程度のことだった。コッペルはナショナル・パブリック・ラジオ（NPR）のインタビューでその番組について話した。そのとき、収容者はまともな扱いを受けているように見えたかという質問に対し、この伝説的なジャーナリストは「大丈夫そうでしたよ」と素っ気なく答えた。*1『ニューヨーク・タイムズ』紙の番組評の見出しは、コッペルが視聴者の期待する厳しく切り込む質問をしなかった点を突き、コッペルは事実上、テロについて好きなように語れる「心地よい場」をお役人たちに提供したにすぎなかったとした。*2

秘密施設──グアンタナモのアウシュビッツ

外の世界の人間はグアンタナモ収容所の実態を知らずにいるが、収容所で働く看守もたいてい同じだとヒックマンは言う。しかしヒックマンにとって、それがある日の午後に一変した。同僚の看守と一緒にキャンプ・アメリカと呼ばれる地区の周辺をパトロールしているときのことだった。キャンプ・アメリカの広大な敷地の中には、極めて小規模なキャンプ・デルタという監禁施設がある。パトロール中、その近くの丘の斜面に秘密の建物群が横たわっていることにヒックマンは気づいた。建物はいずれも新築のようで、アルミニウムの外壁が貼られていた。「腹の底から本当に嫌な予感がしました。基地の地図を見てもこんな施設は載っていませんでした。存在しないことになっているものとでも言いましょうか」とヒックマンは語った。

一緒にいた看守も怪しいと感じたらしい。「俺たち、何を発見しちまったかわかるか？これは俺たちのアウシュビッツだぜ」と同僚は言った。ヒックマンと同僚の看守はこの施設を「キャンプ・ノー」と呼ぶことにした。「そんなものはない」という意味の「ノー」だ。

それから間もない二〇〇六年六月九日、ヒックマンは衛兵専任下士官としてキャンプ・デルタで見張りのシフトに就いていた。高さ一〇メートル余りの監視塔に立っていると、一人の収容者が監禁施設から連れ出され、白いバンに乗せられてキャンプ・ノーの方向へ向かうのが見えた。バンは二〇分後に戻ってきて、二人目の収容者、続いて三人目の収容者を同じように連れ去った。深夜零時少し前、バンが戻ってきて医務棟にバックして駐車した。するとキャンプじゅうの照明がつき、サイレンが鳴り響いた。ヒックマンが医務棟の知人の海軍衛生兵に聞いたところ、三人の収容者が死亡したばかりで、のどに布を詰め込まれたとのことだった。国防総省はプレス・リリースを発表し、「非対称戦争」［戦力に大きな開きがある当事者間の戦争で、劣勢側の戦闘員らがゲリラ戦や自爆テロなど、通常の戦闘行為によらない種々の手段を使うこと］の一行為として、三人の収容者が同時に首吊り自殺をした、と発表した。しかしヒックマンは、おそらく意図的ではなかったのだろうが、三人はキャンプ・ノーでの尋問中に殺害されたのだと確信している。

暴かれたグアンタナモ収容所の拷問死事件

ジョセフ・ヒックマンは退役後、シートン・ホール大学法学部の研究者らの協力を得て、グアンタナモでの謎の死亡事件の真相を追い続けた。するとヒックマンとその調査チームは、死亡した収容者たちが異常に多量のメフロキンを投与されていた証拠を発見した。強力な抗マラリア薬の一種だが、キューバではマラリアに感染するリスクはない。そしてヒックマンは自分も、同僚だった看守たちも誰も、マラリアの予防薬など服用したことはないと断言した。メフロキンは多量に摂取すると自殺願望を含めた精神障害を起こすことがある薬物だが、ヒックマンはアメリカの治安当局がそのメフロキンを尋問対象者に対して使用することがあるとの証拠も見つけた。

二〇一〇年、ヒックマンはこの件をジャーナリストのスコット・ホートンに明かした。

ホートンは翌年、収容者たちの死に関する長大な取材記事を『ハーパーズ・マガジン』誌に発表。この記事は二〇一一年のナショナル・マガジン・アワードの取材記事賞を受賞した。ホートンは記事の中で、三人の収容者らは米軍が発表したように毛布で首吊り自殺をしたのではなく、偶発的にか意図的にか、拷問されている間に死亡したと結論づけた。*3

権威のあるナショナル・マガジン・アワードを受賞したにもかかわらず、「ギトモ」の事件を暴露したホートンの記事は大手新聞各紙や全米ネットのテレビ局から厳しい反発を食らった。一方、ヒックマンはすでに名誉除隊して一民間人に戻っていた。州兵時代の非の打ちどころのない経歴のために、国防総省がそう簡単に自分を信用ならない人物として中傷することはできまいと、ヒックマンは確信していた。「私は下士官として最高クラスの人事評価も受けていました」とヒックマンは言う。「(三人の収容者が死亡した)二〇〇六年六月に任務に就いていたころは、その四半期、つまり四月、五月、六月はグアンタナモの下士官の中でトップの成績でした。それにキューバへ行く前だってメリーランド州にいた一年間はまるまる年間最優秀兵士《ソルジャー・オブ・ザ・イヤー》の座に就いていたのです」。

こうした成績のおかげで、ヒックマンは組織的な中傷の犠牲にはならずに済んだが、報道メディアは彼が暴いたネタを無視することにした。ABCニュース調査報道部トップのベテラン記者であるブライアン・ロスや、NBCの国防総省担当チーフのジム・ミクラスゼウスキらは、ヒックマンとシートン・ホール大学法学部の研究者たちにインタビューを行った。だが国防総省の当局者たちの話を聞いたあと、何の説明もせずに突然このネタをボツにしてしまったのだ。

『ハーパーズ・マガジン』誌の巻頭を飾った受賞記事を除けば、報道各社はヒックマンの暴露的な調査結果に対していわば自主的な「報道規制」を敷いていた。唯一の例外は、オンライン・ニュースサイトの『トゥルースアウト』に掲載されたジェイソン・レオポルドとジェフリー・ケイの二〇一〇年一二月の記事だった。レオポルドは「ギトモ」の収容者たちの謎の死亡事件を独自に調査する中で、ヒックマンのことを知った。四人の弁護士への取材を通じ、この収容所で拷問が行われているとの疑惑が以前からあることをレオポルドは知っていた。だから三人の収容者が「非対称戦争」の一戦闘行為として同時に自殺したとの公式発表を聞いたとき、まったく信じるつもりはなかった。「あの事件はグアンタナモ収容所史上の大きな転機でした」とレオポルドは言う。[*4]

なぜ誰も責任を問われないのか

二〇〇八年、スコット・ガーウェアという人物がロサンゼルスでバイク事故に遭って死亡したという事実をレオポルドは知った。この人物はCIAのためにグアンタナモ収容所で働いていることを明かしていた男で、どうやら知り得たことを伝えるために、マスコミと接触し始めていたところだったらしい。「彼がCIAのために働いていたことを私は知ったんだ。彼は尋問室にカメラを設置して、尋問中の『虚偽発言の検知』と呼ばれる監視任務などを担当していた」とレオポルドは言う。「この件の取材中、ガーウェアについて情報を持っていそうな人物といえばジョセフ・ヒックマンだ、ということがわかった。そこで彼に連絡したというわけさ」。ヒックマンはレオポルドの取材に応じ、メフロキンについて調べてみろと言ったという。「そこでこの薬品について調べることにした。すると信じがたい、奇妙な話が見えてきたんだが、いまだに真相は藪《やぶ》の中だ」とレオポルドは言う。真相が解明されないのは米軍による検閲と、歪曲した情報を流すメディアのおかげだ、とつけ加えておくべきだろう。それに国防総省に対して説明責任を果たすようにと迫る度胸のない、同省御用達の、国家安全保障問題を担当する報道陣のおかげだと。

二〇一五年、ヒックマンはみずから目にしたことを『キャンプ・デルタ殺人事件』（原題

©Polaris/amanaimages

グアンタナモ収容所の「キャンプ・ノー」を含む施設があるキャンプ・デルタ。

Murder at Camp Delta》という好著にまとめた[*5]（大手メディアが事件に関する彼の証言を報じなかった経緯も記されている）。予想どおり、ヒックマンの著書は報道機関からおおかた無視された。一方、オンライン書店のアマゾンの読者書評《レビュー》欄では、米軍関係の情報歪曲屋たちがせっせと活動している様子が窺《うかが》えた。『キャンプ・デルタ殺人事件』は辛辣《しんらつ》な批判を浴びていたのだ。ジェームズ・クラブトリーと名乗るレビュアーもこの本をこき下ろした――「同収容所に関して数々の本を読んできたが、この『キャンプ・デルタ殺人事件』の唯一の長所は、ギトモの拷問に関する現実離れした空想を、元収容者以外が書いたというもの珍しさだけだ」。レビュー上では明かさなかったが、実はクラブトリーはグアンタナモ収容所の元広報官

である。

テロに対する戦争が始まって一五年……。九・一一以降、グアンタナモやほかの各地の収容所において、アメリカ政府当局者、米軍将校、CIA尋問官は誰一人として収容者の拷問または死をめぐり有罪となっていない。世界各地にあるアメリカの強制収容所に関連した事件で、起訴され、処罰された唯一の事例は、イラクの悪名高いアブー・グレイブ監獄で任務に就いていた一一人の下級の兵士たちだけだ。指揮命令系統の高位にある者たちがぬくぬくと法的責任を逃れていられるのは、そうした当局者たちの責任を問う社会的なプレッシャーがアメリカにはないからだ。こうした犯罪行為に対する世間の驚くべき無関心はどこに根ざしているかと言えば、それは九・一一以降、実質的に無期限の非常事態を宣告している国家安全保障政策関連の諸機関の主張を、大手報道機関がほぼ全面的に受け入れてきたことにある。通常のルールや法的規制はもはや当てはまらない、とアメリカ政府は九・一一を受けて世界に言い放った。そしてメディアはこの専制国家的な状況を概して不問に付しているのだ。

実際、CIAの拷問行為に何らかの意味でわずかでも関連のある人物として、唯一法的責任を問われたのは元CIA職員のジョン・キリアコウなる者だ。記者に機密情報を漏らした罪でペンシルベニアの連邦刑務所に二年間収監されたのだ。「私はそれほど問題になるようなことを言ったつもりはなかったのですが、どうやら私は、われわれが収容者らを拷問にかけているという事実を初めて公的に認めたCIA職員だったらしいのです」と、釈放後ほどなくしてキリアコウは私に話してくれた。キリアコウの罪は、収容者らに水責めの拷問をしたことではなく、それを明かしたことだったのである。これこそがアメリカの大手報道機関もどっぷりと浸かることになってしまった、本末転倒の世界なのだ。報道メディアが公安国家アメリカのまるでジョージ・オーウェルの『一九八四年』の世界のような精神構造に——それは「戦争こそ平和だ」「自由とは隷従することだ」、そして「(国民の)無知こそが力だ」と説くのだ——疑問を突きつけずにきたことが原因なのである。

第六章　銀幕《ハリウッド》をねらえ

これまで見てきたとおり、ＣＩＡをはじめとするアメリカの国家安全保障政策に関わる巨大な「影の帝国」は、そうした秘密主義的な諸組織の誕生以来、ずっと報道を操作し続けてきた。だが世論をコントロールしようとする密かな企ては、これまで述べてきたものに留まらない。実はＣＩＡは私たちの夢の世界にまで割り込もうと大いに力を注いでいるのである。

ハリウッドを操るＣＩＡ

ＣＩＡが娯楽産業界との連絡役《リエゾン》を正式に雇い上げ、映画やテレビでＣＩＡを好意的に扱ってもらえるように公然と働きかけを始めたのは、一九九〇年代半ばのことだった。しかし実は、ＣＩＡは一九四七年の発足以来、密かにハリウッドと協力し合ってきたのである。冷戦中、莫大な予算のついた世界規模の宣伝工作《グローバル・プロパガンダ》の一環として、ＣＩＡは一九五一年、ジョージ・オーウェルの反共産主義的な寓話を原作とした長編アニメーション映画、『動物農場《アニマル・ファーム》』［原作は一九四五年刊行。映画は一九五四年製作］の制作費を密かに提供。製作総指揮にルイ・ド・ロシュモン［タイム社の『マーチ・オブ・タイム』などニュース映画製作の先駆者の一人］を起用した。なお、映画化権をオーウェルの未亡人から買い付ける役割を担ったのは、のちにウォーターゲート事件で悪名を馳せることになるＣＩＡ職員のハワード・ハントだった［ハントはウォーターゲート事件で盗聴や共謀罪などで有罪となり、服役した］。原作者の故オーウェルは資本主義制度に対する苦い思いも作品中に吐露していたが、アニメ版の映画ではそんな思いはすっかりカットされ、批判の矛先がもっぱら共産主義の暗黒面に向かうようにCIAが仕向けたのだ。さらに数年後、オーウェルのもう一つの古典的名作、『一九八四年』の映画版（一九五六年製作）では、結末を変えさせた。原作の主人公は、ビッグブラザーの圧政を愛するようになってしまうのだが、映画版では洗脳しようとしてくるビッグブラザーに対して英雄的な抵抗を示し、その全体主義体制に挑むために立ち上がる、というラストになった。

イギリスの文豪グレアム・グリーンも激怒した映画化作品

イギリスの歴史家のフランセス・ストーナー・ソーンダースは名著『文化の冷戦――CIAと芸術・文学の世界』《原題 *The Cultural Cold War: The CIA and the World of Arts and Letters*》の中で、CIAがハリウッドに介入していた初期のころの目に余る事例として、グレアム・グリーンの『おとなしいアメリカ人』を原作にした一九五八年の同名の映画を取り上げている《原題 *The Quiet American*。映画の邦題は『静かなアメリカ人』》。グリーンの小説はフランス植民地時代のベトナムを舞台に、イギリス人海外特派員のトマス・ファウラーの視点から描かれている。さえないが基本的にはまともな男のファウラーは、清純なベトナム人女性のフォンにすっかり魅了されて愛人にしている。ファウラーの恋物語（となるはずだったもの）は、一見世間知らずなアメリカ人のオールデン・パイルに邪魔されてしまう。パイルは（インドシナ情勢を好転させたいとの）熱烈な思いがかえって仇となり、イギリス人の友、ファウラーの夢を台無しにしてしまった上に、サイゴンで政治的な大混乱まで巻き起こしてしまうのだ。このパイルはやがてＣＩＡの工作員であることが明かされるが、グリーンはこの人物をアメリカの愚かな不遜さの象徴として描いており、そんな尊大さがのちにアメリカを東南アジアで悪夢に引きずり込むことになるのだ（ちなみにグリーンは一時期イギリスのスパイだったことがあるが、西洋の植民地主義や台頭しつつあったアメリカの帝国主義を嫌悪していた）。

監督・脚本家のジョセフ・マンキーウィッツが『おとなしいアメリカ人』の映画化を構想していることを聞きつけたＣＩＡは、映画では小説よりもＣＩＡが好意的に描かれるようにするため、すばやく動いた。エドワード・ランズデールは――極東で大胆な活躍を見せた伝説的なＣＩＡの工作員で、広く（しかし誤って）パイルのモデルだと思われているのだが――マンキーウィッツを説得し、二人の主人公の善玉・悪玉の役割を入れ替えさせてしまった。[*1]だから映画ではパイルがヒーローとなり、サイゴンで爆発事件を起こして反植民地主義のゲリラの仕業に見せかけようとする、動機は純粋だが、やることは破壊的なアメリカ人という役どころではなくなった。そしてイギリス人のファウラーは共産主義に対して手ぬるいボケ役になってしまったのだ。原作者のグリーンはこの映画に憤慨し、「アメリカのプロパガンダ映画」以外の何ものでもないとして公然と非難した。[*2]

CIAに批判的だった一九六〇～七〇年代のハリウッド

ＣＩＡとハリウッドの関係については信頼できる情報がほとんど公表されていないが、わずかな手がかりから窺《うかが》えるのは、ＣＩＡによる娯楽産業に対する秘密裏の操作が、一九六〇～七〇年代の二〇年間は著しく減少していることだ。一九七〇年代には、ウォーターゲート事件と、ＣＩＡの暗躍が議会で衝撃的に暴露されたことなどを受け、ハリウッドがＣＩＡに反撃する事例さえ見られた。フランシス・フォード・コッポラ監督の『カンバセーション』やアラン・パクラ監督の『パララックス・ビュー』(いずれも一九七四年製作)、さらにはシドニー・ポラック監督の『コンドル』(一九七五年製作。原題 *Three Days of the*

Condor》など、反権威主義的な一連のスリラー映画では、公安国家は邪悪な勢力として描かれている。ロバート・レッドフォードがＣＩＡの内部告発者の役で主演した『コンドル』では、邪魔者は自分たちのスパイでさえ殺してしまう組織としてＣＩＡは名指しで批判されている。ＣＩＡは設立以来初めて、その暗躍の結果として（少なくとも映画のスクリーン上では）痛い目に遭うことになったのだった。

一九八〇年代に入ると、レーガン大統領による反動政策と、続く東西冷戦による緊張の高まりを受け、ハリウッドは公安国家に対して寛大になっていった。ただし、興行成績はさっぱりだったが時には例外もなかったわけではない。コスタ＝ガヴラス監督の『ミッシング』（一九八二年製作）、ロジャー・スポティスウッド監督の『アンダー・ファイア』（一九八三年製作）［いずれも東西冷戦時代の米ソの「代理戦争」を題材とする。前者はチリの一九七三年のクーデター、後者は一九七九年からのニカラグアのサンディニスタ革命が背景となっている］、それにレーガン大統領が中米に介入して敢行した卑劣な戦争［アメリカが支援する右翼政府軍が左翼反政府ゲリラと対立したエルサルバドル内戦］を痛烈に批判したオリバー・ストーン監督の『サルバドル』（一九八六年製作）などだ。この作品はストーン監督の次回作の『プラトーン』（同年製作）に対するハリウッドの期待感に助けられてなんとか上映館を見つけられた。この時代はアメリカの軍国主義を賛美する映画のほうが主流だったのだ。例えば『トップガン』や『ハートブレイク・リッジ』（いずれも一九八六年製作）などがそうで、さらにジョン・ミリアス脚本・監督による『若き勇者たち』（原題 *Red Dawn*。一九八四年製作）はアメリカ本土のど真ん中へキューバ・ロシア連合軍が奇襲攻撃をかけてくるというばかげたストーリーで、世界規模の脅威である共産主義勢力との存亡を賭けた決戦に備えろと、国民に迫っているかのような作品だった。

映画化権を買って握り潰す――CIAによる映画化阻止工作

一九八〇年代のハリウッドと公安国家アメリカとの関わりの中で、おそらくもっとも奇怪な事例は、結局は製作されずに終わった一本の映画だろう。一九八六年の年末、オリバー・ノース中佐らの極秘作戦をめぐるイラン・コントラ・スキャンダルの公聴会が世間の注目を集める中、この事件に関わった人物たちから映画化権を獲得しようと、二つの製作グループが競っていた。権利者の中にはCIAが雇い上げていた運送業者のユージン・ヘイセンファスも含まれていた。サンディニスタ政権側に撃墜されて拘束され、イラン・コントラ・スキャンダルが発覚するきっかけとなった貨物輸送機のパイロットだ。

さて、製作グループの一方は、元CIA職員のフランク・スネップが率いていた。CIA退職後の一九七七年、スネップは『まっとうな合間』（原題 *Decent Interval*）と題した回想録を執筆し、アメリカが多くのベトナム人協力者を見捨てた不名誉なサイゴン撤退作戦の様子を描いた。憤激したCIAはスネップを訴え、著書の著作権料三〇万ドルを差し押さえることに成功した。そんな元CIAの問題児がヘイセンファスの体験を映画化するとのニュースが広まると、CIAの連中が喜ぶはずはなかった。間もなく怪しげな映画製作グループが姿を現し、CIAに批判的なスネップのグループと映画化権獲得をめぐって競うことになったのだ。

この後者のグループのリーダーはラリー・スパイヴィーという人物で、一九八七年の『ニューヨーク・タイムズ』紙の記事によれば、海軍の武装反乱鎮圧対策の専門家だった。[*3]記事はこう報じている——「スパイヴィー氏は現在はフリーランスの映画プロデューサーだという。しかし同氏の会社はハリウッドの主な労働組合にも映画制作会社の組織にも名を連ねておらず、同氏から提供された電話番号にかけてみても大きな電子的な呼び出し音が聞こえるだけだ」。同紙による取材に対してスパイヴィーは、「オールド・エグゼクティブ・オフィス・ビルディングでニカラグアに関するブリーフィングが行われた際にオリバー・ノース中佐と会ったことがあるが、中佐との関係と映画化プロジェクトとは一切関係がない」と述べた。

一方、当時スネップは全米ネットワーク局ABCの番組『ワールド・ニュース・トゥナイト』のプロデューサーをしており、イラン・コントラ・スキャンダルを取材していた。そのスネップがヘイセンファスの体験の映画化プロジェクトに関わることになったのは、ヘイセンファスとは旧知の間柄であることを友人の俳優マーロン・ブランドに話したことがきっかけだった。「私はベトナム駐在時代にヘイセンファスと懇意にしていました。彼はイラン・コントラ・スキャンダルのときと同様に、運送屋をしていたのです」とスネップは回想する。スネップはブランドの依頼でロサンゼルスからウィスコンシン州へ飛び、ヘイセンファスをロサンゼルスのマルホランド・ドライブにあるブランドの邸宅へ連れていった。そこにはガウン姿のブランドが二人を待ち受けていた。だが話し合いの途中、ヘイセンファスが「生意気な態度」を示し始めたと、スネップは言う。スパイヴィーの映画製作グループはブランドが提案した権利料の倍額を現金で払うと言っている、とヘイセンファスが明かしたというのだ。「これはオリバー・ノース中佐がらみの作戦で、ホワイトハウスの何者かの仕業だろうと疑念を抱いた」とスネップは語った。ジョージ・H・W・ブッシュ副大統領の執務室の情報提供者に問い合わせた結果、確かにノース中佐がスネップ＝ブランド組の映画化プロジェクトを妨害しようとしていることを確認できた。そして最後にはワシントンにいる敵が勝ったのだと、スネップは言う――「スパイヴィーは国家安全保障政策の関係者たちとオリバー・ノースの仲間であり、ヘイセンファスは莫大な金額を手にすることができたから、映画化はなくなったというわけです。これも世間が（政府関係者たちによって）騙された一つの好例です」。

映画制作陣に「協力」するCIAの「ハリウッド担当」たち

クリントン大統領の時代、CIAはハリウッド戦略をかつてないレベルへとグレードアップさせ、みずからの神話づくりにおいていっそう主導権を握ろうとしたのだ。一九九六年、CIAは同局の元職員でベテラン秘密工作員のチェイス・ブランドンを雇い上げ、CIAのイメージ向上のためにハリウッドの映画会社や制作会社と直接やりとりをさせることにした。「CIAはいつだって権謀術数をめぐらす邪悪で陰険な存在として、間違った描き方をされてきたのです。われわれが望むようなイメージで描いてくれる映画の企画を支援できるようになるまで、長い時間がかかりました」と、ブランドンはのちに『ガーディアン』紙の取材に対して述べている。*4

一九九〇年代、CIAのプロパガンダの中核を担ったのは、旗振り役的な作家であるトム・クランシーの作品シリーズの映画化だった。名優たち（アレック・ボールドウィン、ハリソン・フォード、そして最後にベン・アフレック）が次々と主演した『パトリオット・ゲーム』（一九九二年製作）、『今そこにある危機』（一九九四年製作）、『トータル・フィアーズ』（二〇〇二年製作）などでは、勇猛果敢なＣＩＡ工作員のジャック・ライアンがさまざまな敵――テロリスト、南米の麻薬王、それに核兵器で武装した白人至上主義者にいたるまで――と対決する［ジャック・ライアン・シリーズの最初の映画化作品はボールドウィンが主演した『レッド・オクトーバーを追え』（一九九〇年製作）］。

アフレックはハリウッドではリベラル派として有名なだけに、長年ＣＩＡと関係を結んできたことには特に困惑を覚える。だが互いを賞賛するアフレックとＣＩＡのつながりは、どちらの関係者にも大きな恩恵をもたらしてきた。『ガーディアン』紙によれば、二〇〇二年にトム・クランシー原作のスリラー作品、『恐怖の総和』（原題 *The Sum of All Fears*、映画の邦題は『トータル・フィアーズ』）を映画化したときには、「ＣＩＡは快く製作スタッフをバージニア州ラングレーにある本部に招待し、直々に本部内を案内して回り、（主演のアフレックには）同局の情報分析官たちと接触することも許した。撮影が始まると、撮影セットには（ＣＩＡの連絡係《リエゾン》の）チェイス・ブランドンがいてアドバイスを与えていた」という。[*5]

ＣＩＡがハリウッドに送り込んだブランドンは、『エイリアス』の撮影セットにもしばしば姿を見せていた。アフレックの当時の妻、ジェニファー・ガーナー主演のスパイもののテレビ・シリーズだ。二〇〇一年九月に始まったこのシリーズは、九・一一後のアメリカに浸透した被害妄想《パラノイア》を反映していた——絶えざる不安の蔓延という、国家安全保障関連機関にとっては嬉しくてたまらない状況だ。製作責任者はハリウッドで精力的な活躍を見せているプロデューサー、Ｊ・Ｊ・エイブラムス——のちに『スター・トレック』や『スター・ウォーズ』の新シリーズをスタートさせることになる人物だ。『エイリアス』では世界的な陰謀団に潜入するＣＩＡの秘密工作員、シドニー・ブリストウをガーナーが演じた。

二〇〇四年三月、ますます進むＣＩＡとハリウッドの合体を反映して、ＣＩＡはガーナーが同局のリクルート・ビデオに出演したことを発表した。ＣＩＡの記者発表資料にはこう記されている——「ビデオはＣＩＡの使命と、多様な経歴と外国語能力を持つ人材が必要なことを強調している。ガーナーさんは広報部からの依頼を受け、このビデオに参加できることに胸をときめかせていた。ＣＩＡの映画産業担当連絡係《リエゾン》は『エイリアス』の第一シーズンの脚本家陣に協力し、ＣＩＡのスパイ活動の根本的なノウハウについて教示した。

『エイリアス』はフィクションではあるが、ジェニファー・ガーナーが演じるキャラクターはCIAが職員に求める誠意、愛国心、そして知性を体現している」。[*6]

CIAがブランドンにお目付役をさせたもう一本のテレビ・シリーズが、アメリカ人スパイの活躍を描くCBSの『CIA──ザ・エージェンシー』だ。偶然にも、二〇〇一年九月のこのシリーズの初回に予定されていたのは（九・一一以前に撮影されていたが）、欧米でのテロを企てるウサマ・ビンラディンの陰謀がテーマだった。このため脚本をしのぐ現実の九・一一同時多発テロが起きると、放送を延期せざるを得なくなった。現実の世界では、CIAは九・一一のテロ攻撃からアメリカを守ることができなかっただけに、もっともなことではあるが、CIAは同じ月にビンラディンに関する番組を放送するのは無神経だと感じたのだった。ところがビンラディンを扱った本来の初回の代わりに放送されたストーリーは、CIAの歴史の中でももっとも悪名高い一章を書き換える、それはそれで奇妙なものだった。このテレビ版のCIAの歴史では、なんとキューバのフィデル・カストロの暗殺計画を同局が阻止することになるのだ。このプロットにはカストロも笑ったに違いない。CIAのスパイたちがバズーカ砲から毒を塗ったウェットスーツにいたるまで、あらゆる手段を使ってカストロを亡き者にしようと長年にわたり作戦を展開してきたことを思い出してみれば、カストロならずとも笑ってしまうだろう。

CIAとハリウッド、空前の大成功――映画『アルゴ』

九・一一以降、ハリウッドがますますＣＩＡとの関係を深めていくにつれ、同局の職員たちは広報部の同僚がさまざまなセレブを連れてＣＩＡ本部内を特別に案内している姿を見かけるようになった。「何回そんなことがあったか、わかりませんね」と、元ＣＩＡ職員のジョン・キリアコウは回想した。キリアコウはハリソン・フォードやベン・アフレックをはじめ、ハリウッドの著名人ら御一行様とよく鉢合わせしたという。どうしてこの連中は最高機密の施設を歩き回ることを許されているのだろうか、とキリアコウは不思議に思い、苛だちを募らせた。「映画でＣＩＡ職員の役を演じるというだけで？　今やそれが普通だというのでしょうか？　ただＣＩＡと仲良くしていれば本部に立ち入って歩き回れるということですよね？　連中は部外者だから、局内の秘密工作員たちはおかげで顔を隠して廊下を歩くはめになっているというのに。どうかしてますよ」とキリアコウは言う。

　ＣＩＡのベン・アフレックに対する投資と、そしてその逆もまた、二〇一二年の（史実の面では疑問を投げかけられているが）大ヒット作となった映画『アルゴ』で大いに報われた。アフレックはこの作品を監督すると同時に、ＣＩＡの変装の専門家、トニー・メンデスの役で主演した。『アルゴ』は二〇〇七年に『ワイアード』誌に載ったジョシュア・ベアマンの記事に基づいており、テヘランで囚われの身となっていた数名のアメリカ人［カナダ大使公邸にかくまわれたまま、拘束されることを恐れて出国できなくなっていた駐イランアメリカ大使館職員六名］をＣＩＡが救出した事実を描いた（一種の）実話ものだ。メンデスの尽力により、ハリウッドに偽の映画制作会社をでっちあげ、イランでＳＦファンタジー映画を撮影するという触れ込みで工作員を送り込み、スタッフに変装させて救出したのだ。ハリウッドの映画会社とＣＩＡなど政府機関の橋渡しをしているコンサルタントのリチャード・クラインによると、『アルゴ』は一五年ぶりにＣＩＡ本部内で撮影を許可された映画だった。撮影クルーが本部のゲートに到着すると、電子機器の持ち込みは一切禁止だと言われた。携帯電話その他の機器は携帯していないと全員が自己申告して本部に入ると、もう一度確認するよう守衛が求めた。「そのとき、全員が『ありません、電話も何も』と言いました」とクラインは当時の様子を語った。すると守衛は今度は持ち主不明の携帯電話の色形やモデルが記された書類を読み上げた。クラインは言う――「やがて一人がばつが悪そうに認めたんです。工具箱か何かに紛れ込んでいたのに気づかずに本部内に持ち込んでしまったらしく、工具箱ごともう一度駐車場に持っていき、そこにそのまま置いて本人だけ本部へ戻ったんです」。

『アルゴ』は多くの史実を自由にアレンジしたが、それはどれもCIAとハリウッドの映画制作陣をいっそう英雄的に見せるためだった。例えば、人質の救出のためにカナダ大使館が果たした重要な役割は、ストーリーの展開上、省かれてしまった。また、映画のドラマチックなラストシーンでは、イランから国外へ脱出するアメリカ人たちを乗せて滑走路を進むジェット機を、イラン革命軍の衛兵たちが銃を手にしてジープで追ってくる。だが実際はそんな連中はいなかった。それでも『ミッション：インポッシブル』顔負けの、実際に行われた作戦という娯楽性満点の物語だ。CIAをこれ以上ないほどの栄光に満ちた英雄的なイメージで描き出し、観客を魅了した。実際、作品賞を含むアカデミー賞を三部門で受賞し、二億三〇〇〇万ドルを超える興行収入を稼ぎ出した。『アルゴ』はCIAにとってハリウッドにおけるプロパガンダ作戦のもっとも成功した事例であることは間違いない。

「まさに満塁ホームランだった」と元CIA職員のロバート・ベアは言う（ベア自身が書いた回想録『CIAは何をしていた？』（原題 *See No Evil*）は、いかにもハリウッド作品らしい国際的な陰謀ものとして絶賛された二〇〇五年の映画、『シリアナ』の着想の元になった。主演のジョージ・クルーニーが演じる架空のＣＩＡ職員は一部ベアをモデルとしている）。「だが」とベアは続けた――「『アルゴ』は事実とはかけ離れていた。あの作戦に関わった者なら誰だってそう思う。映画の中でメンデスが所属している部署もフィクションだ。彼はメーキャップ担当だった。私がつけた初めての変装用の口髭《くちひげ》は彼が作ったものだった。相手に顔を覚えられては困るから、長持ちするようなものではなかったがね」。

ＣＩＡの実態がわかる一番の映画は何かと訊かれると、ベアはＨＢＯで放送された『ザ・ワイヤー』をすすめることにしているという（二〇〇二～二〇〇八年製作。ＣＩＡではなくボルチモア市のさまざまな法執行機関を描いている）。「（ＣＩＡと）まったく同じ愚かな官僚制、政治的駆け引き、それに野望のお話だ。警察でお目にかかるようなくだらない出来事は、情報機関でもたいてい出くわすものさ」と、ベアは説明する。

ベアがハリウッドのコンサルタントになったのは、著名な調査報道記者のシーモア・ハーシュがベアの回想録『ＣＩＡは何をしていた？』を盛んに褒めたことがきっかけだった。「ワーナー・ブラザースの連中は『これぞ私たちが探していたものです――スパイと石油産業に関する映画です』と言った。多分誰もあの本をまともに読んでなんかいなかっただろう。（プロデューサーのスティーブン・）ソダーバーグをオフィスに缶詰にしてせいぜい二〇ページばかり読ませたのだろうね」と、ベアは言う。ソダーバーグが映画化権を買うと、ベアは脚本家のスティーブン・ゲイガンを連れてベイルート、ダマスカス、ドバイへ飛んだ。「私の知人の何人かのシリア人に会い、さらに私の元上司で退職後もＣＩＡと契約していた人物も紹介してやった。ソダーバーグとゲイガンはこうした取材旅行で集めたネタも使ったから、できあがった映画は『ＣＩＡは何をしていた？』とはほとんど関係のないものになった」とベアは説明する。

『シリアナ』は『アルゴ』よりもずっと複雑な筋書きの作品になり、石油産業、ＣＩＡの陰謀、そしてイスラム過激派が交錯する怪しげな世界に踏み込んだ。ベアは脚本を書いたわけではないが、ＣＩＡはベアの著書を本部内の書店では販売禁止にした。だが原作と大きく異なる映画のほうには「ご満悦だったに違いない」とベアは推測する。ベアは言う――「名誉だと思うことにしているよ。私の著書はＣＩＡにとっても意外なことに、格好のリクルート用のツールになったのだから。映画を観た連中は、ＣＩＡに入って、適当に活躍して、本を書いて映画にできると思い込んでしまったのさ」。

国土安全保障省長官を有頂天にさせたドラマ・シリーズ『ホームランド』

ケーブルテレビ局ショウタイムのドラマ・シリーズ『ホームランド』のクレア・デインズが演じる主人公のキャリー・マティソンは、双極性障害で服薬中のCIA職員で、ありとあらゆるルールをしょっちゅう破ってしまう――捜査対象者と寝たりもする。それでもこのシリーズはCIA本部で大人気だ。国土安全保障省のジェイ・ジョンソン長官もすっかり虜になっており、無人機《ドローン》による爆撃の指揮からひと息入れて、マンハッタンのソーホー地区のしゃれた店でクレア・デインズと食事をしたほどだ。これは『ニューヨーク・タイムズ』紙が仕掛けた奇怪な宣伝企画で、[*7] 同紙は「ホームランド・タイムス・トゥー」という見出しで食事の様子を記事にした。駄洒落にお気づきだろうか？ [国土安全保障省の省名 Department of Homeland Security と番組名をかけた「ホームランド」、『ニューヨーク・タイムズ』の紙名と「二人そろって」という意味の「タイムス・トゥー」などをかけた言葉遊び。タイムには（二人の）時間を調整して合わせるという意味もある]。この記事の中でジョンソン長官は「特定の対象をピンポイントでねらう標的殺害について、私ではなく、クレアに教えてもらったという人のほうがずっと多いんですよ」とまるで一介のファンのように饒舌にしゃべっている。

「（国家安全保障政策の関係者の間で）番組は評価されています」と、『ホームランド』の共同プロデューサーのアレックス・ガンサも認める。「実際、（CIAから）公式にも内々にも、番組や登場人物についての批判は聞こえてきませんでした」。デインズが演じている精神的な問題を抱えた主人公もCIAは気にしていないらしい。「CIAに双極性障害の職員はいるのでしょうか？　おそらくいるでしょう。異論が出るような秘密作戦をやっているか？　それはわかりません。やってるかもしれませんし、私も知りたいですね。私としては『ホームランド』がCIAの職員採用にどう影響しているか興味があります。情報部員になりたいという人が増えているかどうかですね」とガンサは言った。

『ホームランド』はイスラエルのテレビ番組シリーズ『ハトゥフィム』（戦争捕虜）から発想を得ている。同シリーズは何年も捕虜になっていたのちに帰還するイスラエル兵たちを描いているが、ホメロスの『オデュッセイア』以来の古典的な故郷帰還《ホームカミング》ものの作り話だ。しかし『ホームランド』のほうは数シーズンの放送を経て、プロデューサーのガンサの方針で、テロに対する戦争のもっとも興味深くかつ論争の多いさまざまな側面について、はっきりとCIA寄りの視点で描くシリーズになってきた。その点についてガンサはこう主張する――「私たちは手加減はしません。主人公や、上司たちが彼女に命じる任務も、批判的に描きます。私たちは問題の両側面を生き生きと描き、一方的に論争をふっかけることはしないようにしているんです」。

ＣＩＡ本部内で番組の撮影をしたことはないとガンサは言った。だがガンサと出演者数人は丸一日見学に招待されたそうだ。「私たちは二〇〜三〇人の情報部員たちとデスクを挟んで向かい合って話もしました」とガンサは言う。ある時点でＣＩＡのジョン・ブレナン長官も姿を見せたという。「すぐにはっきりわかったのは、俳優と情報部員には似ている点があるということでした。どちらもほぼ常時、何らかの役を演じているのです。大使館職員を隠れ蓑に秘密の任務に従事しているときも、退勤後に誰かと会って何らかの方法で相手を誘惑しようとしているときも、要するに彼らは演技をしているのです」とガンサは述べた。

ＣＩＡ本部を見学中、主人公のマティソンの上司、ソール・ベレンソン中東作戦部長の役を演じるマンディ・パティンキンをはじめ何名かは、長官室を訪問させてもらった。「そこでとても奇妙なことが起きたのです」とガンサは回想する。「私たちはアメリカ生まれの者とそうでない者とのグループに分けられたのです」。後者にはフィリピン生まれのガンサ自身が含まれていたし、イギリス生まれの俳優のダミアン・ルイス、ブラジル系アメリカ人の女優のモリーナ・バッカリンもいた。「私たちのグループは実際の秘密工作員を目にできる区画には入ることができませんでした。カフェテリア内が見えてしまうかもしれないというので、ギフト・ショップにも行けませんでした。まったく、のけ者にされた気分でしたよ」。

ストーリーに困ったら、CIAに訊いてみよう

『ホームランド』のような作品の場合、CIAとハリウッドの間は回転扉でつながっているも同然だ。『ホームランド』は第二シリーズを放送し終えると、今度は視点を海外に移した。そしてより実際の出来事に沿ってストーリーを組み立てるようになると、ガンサは元CIA副長官のジョン・マックギャフィンにコンサルタントの仕事をオファーした。マックギャフィンは番組発足当初の脚本家の一人だったヘンリー・ブロメルのいとこで、そのブロメルの父親のレオンはカイロ、テヘラン、クウェートなどへ赴任した元CIA職員だった。ブロメルは『ホミサイド――殺人捜査課』や『ノーザン・エクスポージャー――アラスカ物語』などのテレビ・シリーズで脚本家として成功したのち、二〇一三年に心臓発作で亡くなった。「ヘンリーは何か仕事上の相談があると、ときどき電話をかけてきました。『ホームランド』の第一シリーズのときもそうでした」とマックギャフィンは当時を振り返った。「私は明確かつ率直に答えましたが、やがて彼が脚本家全員にその内容を伝

えていたことを私は知りました。ヘンリーの葬儀のとき、アレックス・ガンサが脚本家たちみんなを紹介してくれて、彼らは（ストーリーを作るのに）困ったときにはいつも『ジョン・マックギャフィンに訊いてみよう』と言っていたそうなのです。私の発言がそんなに大勢に伝わっていることを私が事前に知っていたら、私は局内で嘘発見器にかけられるたびに引っかかっていたでしょうね」。

『ホームランド』の制作に関わって以来、ガンサ、デインズ、パティンキンや番組の脚本家も数名、毎年ワシントンへマックギャフィンを訪ねてくるという。「三日間、一日九時間か一〇時間ほど、CIAやFBIや国務省の退職者たちを招いて話をしてもらうのです。私は話が上手な人たちを連れてくるわけですが、その連中には、まったく金にはならないが、組織の仕事に信念を抱いているのなら、俺たちの仕事に関する良質かつ視聴率も最高の番組に関わるチャンスだぞ、と言ってやるんです。これまで誘った全員が、それはやりがいがあるなと答えましたよ」。

マックギャフィンは『ホームランド』の制作に参加していることを友人のデイヴィッド・イグネイシャスに話したときのことを覚えている。イグネイシャスは『ワシントン・ポスト』紙にコラムを書いているスパイ小説家で、レバノンの内戦を取材していた当時から〔内戦は主として一九七五~九二年。イグネイシャスは八〇年代前半に『ウォール・ストリート・ジャーナル』紙の特派員として中東を取材した〕、CIAとは親密な関係にあった。そのイグネイシャスはマックギャフィンにこう言ったという——「君が関わっているとは知らなかった。私はあの番組が大好きなんだが、そのわけがわかったよ」。

CIAはなぜ『ミッション:インポッシブル』を気にしないのか

このようにCIAと番組制作側の双方にとって、実に都合のいいコラボレーションが行われているのだ。マックギャフィンやその元同僚たちが関与すれば、当然ながら番組としてはスパイのやり口も迫真的かつ正確に描くことができる。しかしその迫真性には代償も伴う。なぜならこのスパイもののシリーズはそもそもCIA寄りなのに、その傾向をさらに助長するからだ。例えばドイツで撮影された第五シーズンには、明らかにエドワード・スノーデンの協力者の女性ジャーナリスト、ローラ・ポイトラスをモデルにした人物が登場する。彼女は情報公開の原則と「ハクティヴィスト」〔ハッキングを利用して政治・社会活動を行う人のこと〕が活躍する地下世界とをひどく熱烈に信奉する人物として描かれ、彼女はベルリンをイスラム過激派による神経ガス攻撃の深刻な危機にさらしてしまうのだ。また、『ホームランド』の主人公のCIA職員たちは、人間として欠陥があり、多くの苦悩を抱えた人たちとして描かれてはいるが、結局のところやはりヒーローに違いないのである。それに対して敵のイスラム過激派は全般的に陰謀の影がつきまとう連中として描かれ、欧米との長年の闘争によって精神が歪んでしまった狂信者というイメージだ。西洋諸国による何十年にもわたる帝国主義的支配、搾取、暴力を受けてきたイスラム教徒が抱えていて当然の憤懣《ふんまん》については、ほとんど触れていないのだ。

スパイものに取り組むハリウッドのプロデューサーに協力しているコンサルタントたちによれば、夢の製造工場であるハリウッドがスパイの世界を誤って描いてしまうのには、それなりの理由がある――映画産業は娯楽産業なわけで、結局のところ、優れたストーリーが事実に優先するのだ。そのため一般論としては、映画があくまでもフィクションを標榜している限りは、どう描かれようとCIAは気にしないのだという。例えば『ミッション：インポッシブル』（一九九六年～）のシリーズの場合、（本書刊行時点での）最新作『ローグ・ネイション』（二〇一五年製作）ではCIAを無能な官僚組織として描いている一方で、その謎の協力組織のIMFは法を無視した活躍で何度も世界を救う。それでもCIAとしてはこういう映画はまったく気に止めていないのだ。全般的に、スパイ活動に関するコンサルタントたち、特に情報機関の出身者は、元雇用主らのイメージを大きく傷つけそうな企画には関わらないようにしている。好意的または中立的な企画には、ストーリーのちょっとしたポイントや撮影セットについて専門的なアドバイスをすると同時に、映画の内容が意図せずしてCIAやその他の情報機関の機嫌を損ねないよう注意している。「CIAの連中が一番うんざりしているのは『ボーン』シリーズです。あまりにも現実とかけ離れているからです」と、コンサルタントのリチャード・クラインは言う［マット・デイモン演じる架空のCIA元暗殺作戦要員ジェイソン・ボーンを主人公とした『ボーン・アイデンティティ』（二〇〇二年製作）、『ジェイソン・ボーン』（二〇一六年製作）などのシリーズ］。クラインが特に気になった事例として挙げたのは、主人公が通りの向かい側の建物から窓越しにCIAの秘密の活動拠点を覗き見し、金庫の開錠キーを読み取るというシーンだ。「これはまったく笑止千万でした。また、こういう映画はCIAの施設を有名なグーグル社の本部みたいにぴかぴかに描きがちですが、現実にはあくまでも役所の施設で、備品も役所で使うようなものばかりですから、欠けたり汚れたりして、磨り減った木製家具なんかがあるわけです」。クラインはデンゼル・ワシントン製作総指揮・主演の二〇一二年の映画『デンジャラス・ラン』（原題 *Safe House*）のコンサルティングを担当したときに、そうした実際の現場の様子を再現する手助けをした。「最初に美術スタッフが用意したCIAの隠れ家のデザイン画は、高級な大学学生寮のような感じで、活動拠点として使うのに欠かせない機能的な面が無視されていました。実際は、ＣＩＡの連中は狭苦しい居心地の悪い場所で仕事をしているわけで、正しく描いてほしいものですね」とクラインは言った。

『ホームランド』の前に、アレックス・ガンサはフォックス・テレビの番組シリーズ『24 トゥエンティフォー』の第七、八シーズンの脚本を担当した。テロとの戦いに拷問を使うことを正当化したとして激しく物議をかもしたシリーズだ。九・一一以降の時代に、これほどあからさまに世論操作をねらったテレビ番組はないだろう。番組では常に冷酷無比な敵が襲ってくるし、カウントダウンする時計のイメージや、ドキドキするような音楽など、すべてがアメリカの人々の不安を煽り、公共の安全のためという名目で、極端な安全保障対策をいっそう進んで受け入れるように仕向けるのだ。

キーファー・サザーランドが演じる主人公、「テロ対策ユニット（ＣＴＵ）」のジャック・バウアー工作員の振る舞いは、あえて論争の標的になるようにしてあるのだとガンサは認めた――「一刻を争う状況の中、ジャックは相手を拷問にかけ、成果をあげる。でももちろん、そんなことは現実にはあり得ません。このため確かに番組はそうとう批判されました。しかしおもしろいことに、『24 トゥエンティフォー』のおかげで、論争を巻き起こすきっかけを大衆文化が提供したのです」。

だがＣＩＡによる「囚人特例移送制度」や「秘密施設《ブラック・サイト》」や「強化型尋問」がブッシュ＝チェイニー政権時代に許容されるようになった、そんな文化的な空気を作るのに一役買ったことに対しては、ガンサは責任を認めようともしなかった。ある意味で、二〇〇一年から二〇一〇年まで長期間にわたり好評を博して放送された『24 トゥエンティフォー』は、『ホームランド』へと見事につながっていった。ケーブルテレビ局ショウタイムの『ホームランド』シリーズは、フォックス・テレビのスリラーの『24 トゥエンティフォー』よりも遥かに入り組んだ筋書きだが、それでもやはり、わが国の守護者たちにはためらわずに極端な行動を取る意志が必要だ――たとえ巻き添え被害が発生しようと、無辜《むこ》の民が苦しもうと、さらには情報機関の工作員たちの精神を損なってしまうとしても――というテーマが底流に流れている点では同じなのだ。いわばクレア・デインズが演じるキャリー・マティソンは、単にキーファー・サザーランドが演じるジャック・バウアーをもっと洗練させたにすぎないのである。

ＣＩＡが企画段階から肩入れした映画『ゼロ・ダーク・サーティ』

二〇一二年に公開された『ゼロ・ダーク・サーティ』は、拷問をめぐる議論が高まる中で、プロパガンダとしてはハリウッドからCIAへの新たな贈り物となった。この映画ではキャスリン・ビグロー監督と脚本家のマーク・ボールが再びコンビを組んだ。二〇〇九年のアカデミー賞作品賞受賞作で、イラクにおけるアメリカ陸軍の爆発物処理班の任務を生々しく描いた『ハート・ロッカー』の製作チームの再現だ。ビグローとボールはこの前作同様、新作にも真に迫る生々しさを盛り込もうとした。作品はウサマ・ビンラディンという「世界一の危険人物の史上最大の追跡劇」を描くものだった。二〇一一年五月一日午後一一時半ごろ(アメリカ東部時間)、アメリカ海軍ネイビー・シールズのエリート部隊がパキスタンのアボタバードの邸宅でビンラディンを殺害したと、オバマ大統領が発表した。そのころビグローたちは、アフガニスタンの山岳地帯にあるトラ・ボラの洞窟群からのビンラディンの逃避行をテーマに、すでに脚本執筆を進めており、CIAが協力していた。そのビンラディンの物語に決定的なエンディングが加わったことで、ボールは脚本の書き直しに取りかかった。同時に、ビンラディンの追跡・殺害に関わった人たちにできるだけ接触させてほしいと、ビグローとボールはCIAと国防総省に迫った。要するに、『ゼロ・ダーク・サーティ』の製作陣は最初からアメリカの安全保障政策関係者たちの間に深く組み込まれていたのである。

国防総省の監察官の報告によると、当時のレオン・パネッタCIA長官は、ハリウッドがビンラディン追跡を映画化するとの見通しに夢見心地だったようである。長官は自身の役をアル・パチーノが演じてくれることを期待していた（実際はテレビドラマ『ザ・ソプラノズ』の人気スター、ジェームズ・ガンドルフィーニが演じた）。パネッタは二〇一一年六月にCIA本部での会議にボールの参加を認めた。これは報道陣には非公開で、ビンラディン殺害作戦の主だったメンバー全員が出席していた。長官は作戦における役割がまだ非公開だった人々の名前もボールに教え、その他の機密情報も製作陣に伝えたという。*8

情報自由法に基づき、保守系の政府監視団体のジュディシャル・ウォッチがこの映画に関する情報の開示を請求したところ、製作陣とCIAとの一連の電子メールのやりとりが明らかとなり、CIAがこの企画への協力にいかに熱心だったかが改めて証明された。二〇一一年六月七日、CIAの報道官のマリー・E・ハーフは、CIAと国防総省は共にほかのライバル企画よりもこの映画への支援を優先すべきだと主張した。「われわれがえこひいきをしないことは私も承知していますが、勝ち馬に乗るのは合理的なことです」とハーフは（国防総省への電子メールに）書いている。「マーク（・ボール）とキャスリン（・ビグロー）の映画は最初で最大の作品になるでしょう。資金ももっとも豊富ですし、アカデミー賞受賞者の二人が加わっているのですから」。

数週間後の七月二〇日、ボールは当時のCIA広報部長のジョージ・リトルに電子メールを送り、「応援」に感謝し、「大いに効果があった」と確信していると書いた。リトルの返信もCIAが満足していたことを隠そうともしていない——「私たちは言葉にできないほど期待に胸をふくらませています。PS——私はぐっとこらえて、プレミア試写会の招待券がほしいなどとはおくびにも出していませんよ」。

製作陣は撮影準備の最終段階に入ったころ、アボタバードの邸宅の間取りも含め、極めて些細なディテールにいたるまで、教えてほしいとCIAに電子メールで協力を求めた。それに対し、CIAのある報道官はこんな風に返信している——「オーケーだ、うちの連中に確かめたところ、そっちの間取りはわれわれの資料と一致する。われわれにも本物らしく見える」。

間取りが決着すると、ボールとビグローは邸宅についてさらなる情報を求めた。例えば「三階の間取りの詳細な資料をもらえないか、検討してくれませんか」と、ある電子メールでリクエストしている。「私たちは邸宅を実物大で復元するつもりなのです。家畜小屋の動物たちさえもです！」。

CIAが即座に協力を約束したことが記録からわかる。「ええ！　もちろん構いませんよ！　明日さっそくやってみましょう」と、ある報道官は返信している。

CIAと『ゼロ・ダーク・サーティ』の製作陣のあまりにも密接な連携ぶりを見て、国家安全保障政策の分野を担当する記者たちは、ないがしろにされたように感じていた。「私のように、ビンラディン追跡の経緯を取材をしていた記者の多くは、内部情報を記事にしようとしても、あの映画製作陣に対するほどCIAの協力を得ることなどできませんでした」と、『ワシントン・ポスト』紙で長年にわたり情報機関を取材してきたグレッグ・ミラー記者は、のちにPBSのドキュメンタリー番組『フロントライン』のインタビューで述べた。

最終的に、CIAのボールとビグローに対する熱烈な協力は大きな見返りをもたらした。『ゼロ・ダーク・サーティ』は『24　トゥエンティフォー』以来、CIAが拷問を用いることを正当化するもっとも効果的なプロパガンダ作品となってくれたのだ。この映画は、拷問によって得られた情報なしにはビンラディンを発見することは不可能だったと主張したのである。製作陣はビンラディン邸のどんなディテールの再現にも労を惜しまなかったのだろうが、拷問に関する根本的な問題に関しては、露骨に真実に違背《いはい》したのだった。

『ゼロ・ダーク・サーティ』は拷問の正当化に利用された

二〇一二年一二月に公開されたこの作品は、拷問に関する捜査を行った上院情報問題特別調査委員会で委員長を務めたダイアン・ファインスタイン上院議員と、北ベトナム軍による拷問をみずから体験したジョン・マケイン上院議員から激しく批判された。上院の特別調査委員会が結論づけたように、CIAの尋問官たちはビンラディンの潜伏場所についても、その他の重要な安全保障上の問題についても、拘束者を拷問にかけることで何ら有用な情報は得られなかったのである。拷問が有効であるという、この映画が依拠していたCIAに好都合な前提に対し、これを退けたマケインの意見は特に説得力があった——「私は個人的な体験上知っているが、捕虜の虐待は優良な機密情報よりも多くの低劣な情報を生み出す……良心なき行動は不要だ。われわれが戦っているこの異様で長い戦争を戦い抜く上で、何の助けにもならないのだ」。

ファインスタイン上院議員も拷問に関してマケインと同じ信念を抱いており、『ゼロ・ダーク・サーティ』に憤慨し、彼女のために特別に設けられた試写会をわずか一五分か二〇分で退席してしまった。「つき合っていられませんでした。あまりにも誤っていたからです」とファインスタインは説明した。

二〇一五年九月、『ヴァイス』誌のジェイソン・レオポルド記者はCIAの監察官による報告書に基づいて記事を書いた。「映画製作者をめぐる倫理違反の可能性」と題された報告書は、CIAとボールおよびビグローとの親密な関係についてさらに不名誉な事実の詳細を暴いた。ハリウッドやCIA本部に近いホテルで、映画製作陣はCIAの職員たちと酒席を共にし、レストランの飲食費はしばしば一〇〇〇ドルほど（一〇万円強）にものぼったことも判明した。報告書の中には、CIAの女性職員がファッション・デザイナーのミウッチャ・プラダの商品が好きだと発言したことが記されている。それに対してボールは「そのデザイナーを個人的に知っている」と答え、「プラダのファッション・ショーのチケットを提供しようと申し出た」。その女性職員は、首都ワシントンの高級なジョージタウン地区にあるホテル、ザ・リッツ・カールトンで製作陣と食事をし、ちょうどコマーシャルの撮影でタヒチから戻ったばかりだったビグローは、感謝のしるしに「タヒチの黒い真珠のイヤリング」を贈った（女性職員は鑑定のためにそのイヤリングをCIA本部に提出し、おかげで真珠は偽物だということがわかった）。ボールが別の職員に贈ったボトル一本「数百ドル」もするという触れ込みのテキーラは、一〇〇ドルで買えるものだった。誰も贈り物を私物化しなかったので違法行為はなかったと、報告書は職員たちに対する疑惑を晴らした。*9

ＣＩＡが用いる拷問については、『ホームランド』シリーズの生みの親のアレックス・ガンサと、シリーズのコンサルタントで元ＣＩＡ職員のジョン・マックギャフィンでさえ、ボールとビグローが事実を歪曲して描いていることに不安を覚えた。元ＣＩＡ職員のコンサルタントたちは特定のねらいがあって協力を申し出るのだから、彼らと仕事をするのはリスクが伴う。『ゼロ・ダーク・サーティ』をめぐる論争はそれを浮き彫りにしていると、ガンサは指摘する。「あの映画には本当に不満でした」とガンサは言う。「マーク（・ボール）とキャスリン（・ビグロー）は確かに下調べはしたのでしょう。それでも二人は、拷問が確実に有効で、ウサマ・ビンラディンの発見につながったと考えているコンサルタントの言うことを鵜呑みにしてしまったのです。これには多くの人が異論を唱えるでしょうから、そんなことを真実として描き、何百万人もの観客に見せるというのはどうなのでしょう？　誰か一人が言ったことを福音のようにありがたく受け取って、それを事実として提示するなんて普通はしませんよ」。

ＣＩＡが『ゼロ・ダーク・サーティ』の製作陣を操って世間を欺こうとしたことからは、拷問を同局が後ろめたく感じていることが透けて見えると、マックギャフィンは考えている。「私が当事者だったらどんな判断を下しただろうかと考えてしまいます」とマックギャフィンはつけ加えた。拘束者に対する水責めやその他の「強化型尋問」を承認したＣＩＡの命令系統のことを言っているのだ。「当時ＣＩＡでは、（拘束したテロリストの）アブー・ズベイダ［ズベイダはビンラディンの側近として数々のテロ攻撃を計画・指揮した容疑で二〇〇二年に米軍に拘束され、たびたび拷問を受けたとされている］のような者がほかのテロ攻撃についても絶対に『知っている』ことを誰もが『知っていた』のです。私たちは『絶対に確かだ』と確信していました。（承認する立場にいたら）きっと私も『（拷問を）用いよ』と言ったのではないかと思います。でもひと月後には、『俺たちはどうしてこんなことをしてるのだ？』と自問したはずだと思いたいですね」。

事実を「ふくらませて語る」元CIAのコンサルタントたち

「もちろんデタラメですよ。映画産業のことを少しでも知っている人間なら驚きもしないでしょう」と、ベテランのスパイで元ＣＩＡ職員のロバート・ベアは『ゼロ・ダーク・サーティ』について言った。実際のところ、ハリウッドはいつだってスパイや兵士を主人公にした、まったくナンセンスとしか言いようのない突拍子もないスリリングな企画を世に送り出しているのだ。「例えば『ローン・サバイバー』のようにね」とベアはつけ加えた。

この映画は二〇〇五年の米海軍のネイビー・シールズとアフガニスタンのタリバンとの戦闘を描いているが、その作戦をよく知るシールズのメンバーの一部は、主人公のモデルになった実在の人物、マーカス・ラトレルは英雄などではなかったと見ている［この作品は、シールズなどがタリバンの幹部を殺害する作戦で二〇名近い犠牲を出し、ラトレルが唯一の生還者となった出来事を描く］。元ＣＩＡ職員で著述家やＣＮＮのコンサルタントでもあるベアは、「ラトレルは逃げ出して隠れたのです。シールズはあの男を嫌悪していますよ」とまで非難する。

それでもなお、マーク・ウォールバーグが主演し、同名のラトレルの著書を原作に、ピーター・バーグの脚本・監督で二〇一三年に製作された映画作品は、製作陣が軍の承認を得るために脚本を提出したのち、国防総省の全面的な協力を得た。実は国防総省はこの『ローン・サバイバー』の企画をいたく気に入り、コンサルタントとして五人のシールズのメンバー——退役者三人と現役二人——をバーグと製作陣に提供したほどだ。映画だけでなく、ラトレルの著書自体にも事実の大幅な歪曲があることなど、軍はまったく気にしていなかったようである。作中ではネイビー・シールズのチームがいっそう英雄的に見えるようになっているからだ。

ラトレルは作戦後の報告書で、彼が所属していたネイビー・シールズのチームは二〇〜

三〇人程度のタリバンの戦闘員らによって壊滅させられたと記した。だがおそらく敵の戦闘員の実際の人数はむしろ十数人と言うべきで、重機関銃一挺で武装していたと思われる。それをラトレルは著書の中ではさらに大きくふくらませ、戦闘員一四〇～二〇〇人とし、映画版ではさらに映画『アパッチ砦』［ジョン・フォード監督、ジョン・ウェイン主演の一九四八年製作の作品で、無謀な作戦で守備隊が壊滅するというストーリー］並みに、何百人ものタリバンの戦闘員が悲運なアメリカ兵のヒーローたちを取り囲むという設定にした。映画では、ラトレルはタリバンの指揮官に斬首されそうになるが、敵の集中砲火の間隙を突いて急降下してきた米軍の攻撃用ヘリのクルーによって救出される。実際には、アフガニスタンの村人たちがラトレルをかくまい、やがてヘリで病院へと移送されたのだ。劇的な銃撃戦などなかったのである。[*10]

興行成績で言えば、テロに対する戦争を見事に神話化して成功したハリウッド映画の中では、クリント・イーストウッド監督の手腕が光る『アメリカン・スナイパー』の右に出るものはない。原作はベストセラーとなったクリス・カイルの回想録。カイルはイラク戦争で一六〇人の敵を殺害した戦果が公式に認められており、米軍史上最強の狙撃手だ。予想どおり、イーストウッド監督はブラッドリー・クーパーが演じたカイルをヒーローに仕立て上げた。熟練の狙撃手なだけに、カイルにも抱えきれないほどの苦悩はあったのだが。

イーストウッド監督はカイルの悲劇的な最期を描かなかったが、それを詩的で甘いと見る人もいるかもしれない。カイルは二〇一三年二月、テキサス州の射撃練習場で精神を病んでいた退役軍人に撃ち殺されたのだ。

「誰もが（実際のカイルは）イカれていると思っていました」とロバート・ベアは指摘するが、ハリウッドが都合の悪いことをきれいに拭ってしまったことは、ベア自身を含め、情報機関関係者にとっては驚きではなかったという。「まるでデタラメですが、ハリウッドではそんなことはどうでもいいんです。事実はそういうものではない、などと指摘してやろうものなら、頭がおかしいのかと思われてしまいますよ」。ストーリーをすっきりさせたイーストウッドの仕事ぶりは、興行成績から見れば確かに効果抜群だった。この映画は全世界で五億ドルを稼いだのだ。だがハリウッドのリベラル派は、違法な戦争の殺人的なヒーローを賛美する作品が大ヒットしたことに良心の呵責《かしやく》を感じ、イーストウッド監督、主演のクーパー、そして作品自体も、アカデミー賞では冷遇されるように働きかけたのだった。

コンサルタントが語る知られざる人生の、冒険活劇満載の物語に、いとも簡単に魅了されてしまう映画監督もいるものだと、ハリウッドの監督・脚本家のピーター・ランデスマンも同意する。ランデスマンは九・一一同時多発テロ事件以降、特派員としてパキスタンへ赴き、『ニューヨーク・タイムズ・マガジン』誌に国家安全保障問題関連の記事を書いていた。そのためハリウッドに進出するころには、デタラメの見極めにかけてはたいていの監督よりも優れた眼力を持っていた。「私はジャーナリストとしても、脚本家としても、何度かCIAと関わったことがあります。そして職員や工作員が言うことは絶対にそのまま受け取ってはならないということを、すぐに学びました。連中はオフレコの会話の中でさえ、話を捻じ曲げるような性分なのです。それに、激務で薄給の公務員ですから、自分の体験を売り込んで儲けようとすることも珍しくありません。そんなときはほぼ例外なく、自身の関与と役割をふくらませて語りたがるのです」。

映画になっても叩かれた、CIAの麻薬密輸工作を暴いた記者

ランデスマンは調査報道ジャーナリストの故ゲイリー・ウェッブに関する映画『キル・ザ・メッセンジャー』の脚本を担当した。この作品はウェッブの自著『闇の連合』と――実を言うと――作品の題名にもなった私の著書を原作としている。ウェッブの本はCIAとアメリカの三大新聞に厳しい視線を投げかけているだけに、なんとか公開にこぎつけら

れたのはちょっとした奇跡と言えるだろう。最初は二〇〇八年にユニバーサル・ピクチャーズが私の本の映画化権を取得したが、翌年に同じく政治とスパイ活動とメディアを描いたスリラー『消されたヘッドライン』（原題 *State of Play*）（主演はラッセル・クロウと、もちろんベン・アフレック）が興行的に失敗すると、映画化の企画を中止してしまった。『キル・ザ・メッセンジャー』の映画化権は最終的にはフォーカス・フィーチャーズが買い取り、主役のウェッブ役にジェレミー・レナーを迎え、ランデスマンの脚本をもとにマイケル・クエスタ監督が迫力のある映画に仕上げた。

ウェッブがＣＩＡ寄りの『ニューヨーク・タイムズ』『ワシントン・ポスト』『ロサンゼルス・タイムス』各紙、さらには自身が属する『サンノゼ・マーキュリー・ニュース』紙の編集長たちに潰される様子を描いたくだりは、映画史上もっとも強烈な報道界への批判の一つとなった。私はこの映画の製作にはほとんど関わっていないので、客観的にそう言える。残念ながら、二〇一四年一〇月の公開前に、『キル・ザ・メッセンジャー』は庇護者を失ってしまった。映画会社の経営陣がかわり、後任の経営幹部たちは莫大なマーケティング予算の大部分をほかの企画に回した。自分たちが温めてきた企画で、のちに大ヒット作となった『博士と彼女のセオリー』（原題 *The Theory of Everything*）の立ち上げに使ってしまったのだ。だから『キル・ザ・メッセンジャー』のほうは、ジェレミー・レナーの演技が批評家に絶賛されたものの、マーケティングも宣伝もなしでは興行的に低調に終わるしかなかった。

言うまでもなく、この作品がすぐに劇場から消えてCIAは満足だった。CIAは『キル・ザ・メッセンジャー』の企画や製作がハリウッドで進んでいくのを注視していた。そして同局の報道官は、ワシントンのナショナル・プレス・クラブで行われた試写会の客席で、『ニューヨーク・タイムズ』紙の記者の隣で鑑賞したと、私に語った。当然のことながら、彼ら二人はどちらも映画を気に入らなかった。

『キル・ザ・メッセンジャー』はかつてのアンチ・ウェッブ派の憎しみを大手報道機関の間で再び掻き立てた。映画公開の直前、『ワシントン・ポスト』紙の取材担当編集主幹のジェフ・リーンは、故人に対して驚くほど敵意に満ちた中傷記事を書いた。「ゲイリー・ウェッブはジャーナリズム界のヒーローなどではなかった」と題されたこの記事で、リーンはウェッブの連載記事「闇の連合」に対する同紙の批判を改めて繰り返し、映画批評家気取りで映画をこき下ろした。リーンは書いている――「これはあの報道をめぐる空想物語で、ゲイリー・ウェッブ以外の誰も正しくないという筋書きだ。そんな『キル・ザ・メッセンジャー』に褒められる点があるとすれば、ジェレミー・レナーが生き生きとした演技を見せたことぐらいだろう。事実からかけ離れている多くの点を逐一挙げるにはとても紙数が足りない[*11]」。

リーンは一九八〇年代には『マイアミ・ヘラルド』紙の調査報道記者をしており、コロンビアの麻薬カルテルや、その一団がカリブ海のコカイン密輸ルートを暴力的に乗っ取ったことなどを取材して報じた。リーンは明らかにウェッブに対して私怨を抱いており、一九八〇年代末にはCIAと麻薬密輸団のつながりについてウェッブに論争を挑んだこともある。リーンのような記者たちはその闇関係を暴露できなかったわけだが、彼らはウェッブを——いわば墓を暴いてでも——誹謗中傷することを個人的な使命としているかのようだった。

終わりの見えないテロに対する戦争がずるずると長引き、私たちを監視し続ける国家が生活の隅々にまで入り込んできている中で、果たしてハリウッドが公安機構に対して今よりも批判的な目を向けるようになるかどうか、注目してみるのもおもしろいだろう。だがこれまで見てきたとおり、最近の傾向からすれば期待はできない。『キル・ザ・メッセンジャー』のような例外はほとんどなく——しかもこの作品の場合は、配給にも宣伝にも熱意が欠けていた――ハリウッドはプロパガンダ製造工場として機能してきた。戦争賛美の空想的な復讐物語を次々と世に送り出し、アメリカ人の観客たちは画面上で無数の聖戦主義者《ジハーディスト》の戦闘員が虐殺されるのを満足げに見ることで、九・一一以来恐れ続けてきた悪霊を作品を通じて追い払うことができるのだ。角ばった顎の秘密情報部員とやる気みなぎる髭面《ひげづら》の特殊部隊と、浅黒い狂信的なイスラム過激派の連中という、型にはまり切った登場人物たちの対決の見世物が陸続《りくぞく》と作り続けられている。それは最近とみに意気盛んで、ハリウッドにあまりにも気前よく「サービス」を提供するCIAによって支援され、けしかけられているのである。CIA本部のガイド付き特別見学ツアーと国家安全保障政策を取り仕切る大物たちとのランチと引き換えに、ハリウッドの映画製作者たちは果てしない戦争の宣伝活動屋《プロパガンディスト》に進んで変身し、人道に対する犯罪の擁護者へと変貌してきたのである。

終章　ザ・ウルフ

パキスタンのほぼ完全に無法地帯となっている連邦直轄部族地域の中でも、さらに僻地と言うべきなのがシャワル渓谷だ。急峻な山々に囲まれ、雪に覆われた斜面の下には深い森が広がり、その間を巨石がごろごろある高原河川がまばらに流れている。米軍がアフガニスタンへ侵攻し、ウサマ・ビンラディンの洞窟要塞ともいうべきトラ・ボラへ絨毯《じゅうたん》爆撃を加えて以降、アフガニスタンを逃れたアルカイダとタリバンの戦闘員はこの渓谷を最後の拠点にしていた。戦闘員は一度に数人ずつ、何百回にも及ぶ米軍の無人機《ドローン》による爆撃で次第に倒されていったが、これまでのところパキスタン軍による無数の軍事作戦もテロリストを一掃できていない。

二〇一五年一月一五日、ＣＩＡはさらに一件のドローンによる爆撃をシャワル渓谷で実行した――しかしこの作戦は、オバマ政権によるテロリスト殺害計画に大きな禍根を残すことになるのである。

オバマ政権の当局者は遠隔操作による標的殺害作戦は極めて精度が高いと喧伝している。ところがシャワル渓谷のこの作戦から数カ月後にオンライン・マガジンの『インターセプト』誌が報道したように、アメリカのドローンによる爆撃は衝撃的なレベルの「巻き添え被害」をもたらしてきた。このニュース報道ウェブサイトにリークされた機密文書によれば、最近のアフガニスタンにおけるドローン爆撃の犠牲者のうち、驚くべきことに九〇パーセントが無辜《むこ》の民だというのだ。

欧米人の人質を誤爆したCIAの「識別特性爆撃」

二〇一五年一月のシャワル渓谷における作戦までの数週間、CIAが操作するドローンは標的の敷地に出入りしている四人の男の姿を撮影していた。兵役にふさわしい年齢の男性とおぼしき人物たちで、CIAはすでに暗殺の対象として局内で承認されているアルカイダ関連の戦闘員ではないかと疑った。のちに複数の匿名のアメリカ政府当局者が『ニューヨーク・タイムズ』紙に語ったところによれば、この敷地をテロリストたちが使っていることを見極めるため、CIAは「生活パターン」と呼ばれるものを分析したという。その上、ＣＩＡは携帯電話の通話を盗聴し、さらに四人の男が「アルカイダの作戦要員で、『ウズベキスタン・イスラム運動』のメンバーの可能性がある」との機密情報——どのような機密情報かは公表されていない——を入手したと発表した。[*1] 特定の容疑者を確実に同定したのではなく、このような証拠の一定のパターンに基づいて、ＣＩＡはこの敷地に対していわゆる「識別特性爆撃」［容疑者の行動パターンの特性から標的を識別して攻撃するもの］を承認した。

だが爆撃後に撮影されたドローンの映像を見直してみたところ、どうやら大きな手違いがあったことにＣＩＡの分析官たちはすぐに気づいた。瓦礫からは四人ではなく、六人の遺体が運び出され、すぐに埋葬されたと、『ニューヨーク・タイムズ』紙は二〇一五年四月二三日の記事で報じた。死者の中には西洋人の人質二人が含まれていたのだ——アメリカ人の人道支援家のウォーレン・ワインスティーンと、イタリア人の援助活動家のジョヴァンニ・ロポルトだった。

ロポルトは故郷のシチリア島パレルモから二〇一〇年にパキスタンへ渡った。その年の大洪水の復興支援をしていたドイツを拠点とする援助団体で働くためだった。そして二〇一二年一月一九日、ドイツ人のベルント・ミュエレンベックと共に武装した四人の人物によって拉致された。二〇一四年一〇月に解放されたミュエレンベックは、ロポルトとは何カ月も前に離れ離れにされ、居場所については見当がつかないと語った。一方、ワインスティーンは当時七三歳。北バージニアに拠点を置く国際開発会社J・E・オースチン社の重役で、パキスタンの部族地域で同社が進めていたアメリカ政府が支援する一一〇〇万ドルの援助プロジェクトを指揮していた。二〇一一年八月一三日未明、ラホールの自宅を襲われて拉致された。やつれた姿のワインスティーンは、生きている証拠として数回ビデオ撮影され、自身の解放と引き換えに囚人の釈放に同意するようオバマ大統領に懇願した。

ドローン爆撃の陰の推進者、「ロジャー」と呼ばれる「マイク」の正体

ドローン爆撃でこの人質二人が実際に死亡したと確認できるまで、CIAの調査は数週間かかった。調査結果は即座にオバマ大統領に報告され、大統領は遺族に電話をして二人の死に対して直接謝罪した。ところがオバマ自身はドローン爆撃を命じていなかった。それどころか作戦実行時にはそのことを知らされてもいなかった。要するに、パキスタンはアメリカ大統領ではなく匿名のCIA職員が、特定の標的に対するドローンによる「識別特性爆撃」を——つまり特定の「価値の高い」テロ容疑者と思しき人物が実際にそこにいるかどうかもわからないまま——承認できる唯一の国なのだ。

西洋人の人質二人の死は、米軍のドローン爆撃で殺害された何千人というパキスタン、アフガニスタン、イエメンの罪のない犠牲者たちが達成できなかったことを成し遂げた。ドローン爆撃計画が議会のあずかり知らぬところで遂行されていることに憤慨した『ニューヨーク・タイムズ』紙は、CIAに反発し、「標的殺害計画の立案者たち」のキーマンの一人であるCIA対テロ・センター（CTC）のトップの名を報じたのだ。[*2] その人物とはマイケル・ダンドレア。『ニューヨーク・タイムズ』紙のマーク・マゼッティ記者は「やせ型のチェーンスモーカーで、イスラム教への改宗者」だと書いている。

しかしマゼッティが名指しした二〇一五年四月の時点で、ダンドレアはすでにドローンによる暗殺作戦の責任者をはずれていた。シャワル渓谷での爆撃の悲劇のためにCIAを追われていたのだ。のちにわかったことだが、国家安全保障問題を担当するマゼッティのような記者たちの間では、CIAの拷問使用と標的殺害計画のどちらにおいても、ダンドレアが中心的役割を果たしていたことは何年も前から公然の秘密だったという。だがダンドレアはさまざまな新聞記事や書籍では常に「マイク」という名前だけか、秘密工作員としての偽名「ロジャー」と記されていたのだった。

マゼッティが『ニューヨーク・タイムズ』紙で素性を暴露する以前、ダンドレアに関するもっとも突っ込んだ記事は、二〇一二年に『ワシントン・ポスト』紙の国家安全保障問題担当記者、グレッグ・ミラーが書いたものだった。ミラーは次のように書いている——「パキスタンにおけるCIAによるドローン爆撃の後に立ちのぼる煙の一本一本には、何十というもっと小さな煙の柱が裏にあり、それらをたどっていくと、バージニア州ラングレーにあるCIA本部の中央付近の中庭に立つ一人のやせこけた人物に行き当たる。[*3] 彼は何千人ものイスラム過激派を殺害して何百万人ものイスラム教徒を怒らせてきた軍事作戦を指揮しているが、本人はイスラム教への改宗者である」。

CIA内では、マイケル・ダンドレアは有能な仕事中毒者《ワーカホリック》と見られており、管理職になるまでに、アフリカでのスパイ活動という厄介な仕事を数年にわたってなんとかやり遂げてきたのだった（その間にイスラム教徒の女性と結婚し、自身もイスラム教へ改宗した）。スパイ活動で出世を重ねたダンドレアは、エジプト、イラクその他の国々で作戦に従事した。

アフガニスタンで起きたCIA基地の悲劇

シャワル渓谷でのドローン爆撃を実行したころ、ダンドレアはすでにCIA関係者の間で問題視されていた。九・一一同時多発テロでパイロットの一人となったナワフ・アル・ハズミのアメリカ入国後の動向を見失ってしまったCIA職員の一人だったからだ。九・一一以降、アメリカ政府が拷問その他の犯罪行為に手を染めていく過程を描いた著書『ザ・ダーク・サイド』の中で、『ニューヨーク・タイムズ』紙のジェイン・メイヤー記者は、当時CIAはハズミがアメリカ国内にいることを知っていたと指摘している。CIAのチームに配属されていた連邦捜査局（FBI）職員のダグ・ミラーが当時ハズミに関する報告書を書いていた。FBIと情報を共有し、テロリストと思しきこの人物の行方を突きとめたいと思ったのだ。「しかし彼の上司は――九・一一の調査委員会の報告書では単に『マイク』と呼ばれている男で、CIA対テロ・センターのビンラディン担当グループに属する内勤の軍人だ――報告書を回すのを待てと指示した。ミラーは再度報告書の提出を試みたが、それで諦めてしまった」とメイヤーは著書に書いている。ダグ・ミラーに右のように命じた三時間後、「マイク」は不可解なことに、CIAの上司に対してすでにこの情報はFBIに送付されたと伝えている。「これ以降、CIAは情報が回送されたものと思い込んでいたが、そうではなかった」と、メイヤーはさらに記している。

この「マイク」こそがマイケル・ダンドレアだった。著書のための取材中、ジェイン・

メイヤーが話を聞いた九・一一テロ調査委員会の捜査官の一人によると、尋問に対してダンドレアは、ハズミに関する件は（実に本人にとっては都合のよいことに）まったく記憶にないと答えたという。「驚くべきことに、九・一一の後で（ダンドレアが）ＣＩＡで昇進していたことをこの捜査官はのちに知ったという」とメイヤーは書いている。[*4]

ダンドレアはアメリカのテロに対する戦争の中でももっとも大きな損害を被った見込み違いの作戦も指揮していた。ヨルダン人のフマム・バラウィという医師が自分はアルカイダの最上層部に潜入することができると、まずヨルダンの情報機関を、続いてＣＩＡを説得した。国家安全保障問題を専門とするイギリス出身のベテラン特派員、アンドリュー・コックバーンは、二〇一五年の著書『キル・チェーン』の中でこう記している——「ようやく（アルカイダという）テロ組織内に工作員を送り込めるとの見通しに、ＣＩＡの最上層部、特に『マイク』は、すっかり興奮していた。このためこの知らせは同局内から大統領執務室《オーバル・ルーム》に急報された」[*5]。だがバラウィはＣＩＡに協力する気などなかった。逆に、二〇〇九年一二月三〇日、バラウィは自爆ベストを着込み、アフガニスタンのホーストのＣＩＡ基地で行われる顔合わせの会議へと向かった。基地では数人のＣＩＡ職員の出迎えを受けた。そこには数年来ビンラディンを追跡してきたＣＩＡ対テロ・センターのベテラン職員で、基地の司令官だったジェニファー・マシューズもいた。バラウィの自爆により、マシューズを含むCIA職員七人が命を落とした。

ダンドレアはパキスタンにおけるドローンによる殺害作戦の急増の背後にいた推進役でもあった。作戦は二〇〇六年のわずか三件から二〇一〇年には一一七件へと飛躍的に増えている——およそ三日に一度のペースである。ダンドレアは「識別特性爆撃」の導入も主張した。シャワル渓谷での爆撃の失敗からもわかるとおり、単に住人が怪しげだというだけでCIAが建物を爆破できるというものだ。

火を吐くような豪腕テロリスト・ハンターとしてますます名を上げていたダンドレアだっただけに、CIAが『ゼロ・ダーク・サーティ』の製作陣に彼の話を売り込んだのも不思議ではない。ダンドレアは映画の中で「ザ・ウルフ」と呼ばれる登場人物のモデルとなった。CIAのビンラディン追跡部隊が駐留するアレック基地の謎めいた指揮官だが、この部隊は実質的に対テロ・ハイテク暗殺部隊である。「みんな（ダンドレアを）恐れていました。（彼は）いわば殺しの請け負い人だったのです」と、アメリカの情報機関のある元職員は『ワシントン・ポスト』紙のグレッグ・ミラー記者に語った。

「マイク」の実名報道を阻止しようとしたＣＩＡ

ダンドレアはシャワル渓谷の爆撃作戦の悲劇によってどうやら命運が尽きたらしい。二〇一五年三月、人質二人を誤って殺害したこのミサイル攻撃のニュースが国民に届く前に、グレッグ・ミラーは、ダンドレアがＣＩＡ対テロ・センター長の仕事を密かにはずされることになると報じた。[*6] ホースト基地で自爆攻撃を許した失態に対する責任と、ＣＩＡの拷問使用計画に深く関与していたことで、ダンドレアの評価はすでに「傷ついていた」。シャワル渓谷の悲劇がダンドレアのＣＩＡでのキャリアにとどめを刺したのだった。

ダンドレアのような悪名高い経歴の情報機関職員が実名で報道されるのに、なぜこれほど時間がかかったのか。シャワル渓谷の悲劇でドローン爆撃計画に幅広い批判を招いてオバマ政権の不興を買い、ワシントンの政府当局がダンドレアを見限って、初めて『ニューヨーク・タイムズ』紙やその他の報道機関はこの「殺しの請け負い人」の正体を明かしても安全だと感じたのだ。

ついにダンドレアの正体を暴いた『ニューヨーク・タイムズ』紙のマーク・マゼッティ記者も、国家安全保障問題の取材記者のルールに常に従おうとしてきたのだった。だから中東と南アジアにおけるＣＩＡの対テロ作戦について記した二〇一三年の著書『ＣＩＡの秘密戦争』（原題*The Way of the Knife*）の中で、ダンドレアに言及はしつつも、慎重を期してファースト・ネームしか記さなかった。「彼は私たちの長年の知り合いでした」と、マゼッティは回想して言った。

物議を醸しながらもダンドレアがCIAで出世していくにつれ、マゼッティはそろそろ実名を明かすべきときだと判断した。「この分野を取材する記者なら誰でも何十人もの秘密工作員の氏名を知っていますが、私としては、二つの要素を理由に彼の実名を報じました。彼は何百人、ひょっとすると何千人もの職員を管理する権限を持つ上級管理職であること。現場で情報源を探る秘密任務に従事している人物ではないことです」。

CIAは抵抗を示した。マゼッティによれば、CIAのジョン・ブレナン長官が『ニューヨーク・タイムズ』紙のディーン・バケット編集長に電話を入れ、ダンドレアに関する記事をボツにするようバケットを説得しようとした。「（CIAの）連中がどこまで事態をエスカレートさせるかで、どれだけ深刻に受けとめているかを見極めることができると思います」とマゼッティは指摘する。「CIA長官がわが社の編集長に電話をしてくるほどになると、それは本気だという証拠ですね」。

ダンドレアの一件の場合、CIAの主張はばかげているとマゼッティは思った。「CIA

のあのレベルの人物ならば、公人ですよ。正体を隠すなんてとんでもない。すでにCIAを代表する立場ですから。あの連中は秘密の戦争を遂行している現代の将軍たちです。今やアメリカはこんな風に戦争をしているのであって、彼らがそれを推進している将軍たちなのです」。

シャワル渓谷での悲劇を受け、『ニューヨーク・タイムズ』紙はCIAの言い分には説得力がないと判断した。そして、悪名高い対テロ作戦の指揮官は突如として秘密のベールをはがされることになった。だがワシントンのメディアは長年にわたってCIA側のルールに合わせることで、ダンドレアという、平気で人殺しをする危険人物にしてひどく無能な管理職が、情報機関で出世を続けることを許してしまった。CIA内で悪評が高まっていたにもかかわらず、権力の監視役であるはずの報道機関は、CIAがダンドレアを見捨ててしまうまで一社としてダンドレアの実名を報じようとはしなかったのである。

CIAに出入りできる少数の国家安全保障問題担当のワシントン駐在記者と同様、マーク・マゼッティもこの分野の記者に求められる複雑な行動様式に従うことを常に強いられている。情報機関の職員とうまくダンスを踊るには、時には記者が主導権を握ることもあるが、たいていはCIA側のリードにただ合わせるしかないのである。

二〇〇七年一二月、マゼッティはCIAのスパイ活動の指揮官であるホセ・ロドリゲスが二人のテロ容疑者の拷問に関する証拠を隠滅したことをつかみ、記事で暴露する予定だとCIAに伝えた。その二人とは、ビンラディンの側近とされ、パキスタンで拘束された最初のアルカイダの容疑者の一人であるアブー・スベイダと、米海軍軍艦コールへの自爆攻撃［イエメンのアデン港に停泊中の駆逐艦コールにアルカイダが自爆攻撃を仕掛け、十数人の米兵が死亡した二〇〇〇年一〇月の事件］の立案者とされるアブドゥラヒーム・アン・ナシリである。「私は記事を書くつもりだとCIAに伝えました」とマゼッティは当時を振り返る。「二日で書き上げて、金曜日の紙面に載せる予定だと言ったのです。木曜日に連中が電話をしてきて、『本当に記事を出すつもりか』と聞いてきました」。

マゼッティがそのつもりだと答えると、証拠テープの隠滅の件が公表される予定になったとCIAの報道官はマゼッティに言った。マイケル・ヘイデン長官がちょうどスタッフにそう通知したところだというのだ。気づいてみれば、マゼッティ記者はまさにCIAに特ダネをすっぱ抜かれることになったのだ。しかもどうやらCIAはAP通信に先に知らせているらしかった。おそらくCIAを出し抜こうとしたマゼッティを懲らしめ、よりCIAに友好的だと目されるライバル記者に報いるためである。*7

マクラッチー・ニュースペーパーズのジョナサン・ランデイは言う──「政権やCIA

や国防総省にとって好ましくない記事を書くときには、そんなリスクを負うことになります。報道するまでにあまり時間的余裕を与えてしまうと、連中は自分たちのバージョンのストーリーを誰かほかの記者にリークして、われわれは出し抜かれてしまうのです。相手が気に入りそうもない記事を書いているときには、いつ当該政府機関に知らせるか、私たちは細心の注意を払います。彼らにとってもっとも好都合なバージョンを当局が競合他社にリークしてしまう恐れがあるからです。だから対応できる時間をあまり与えてはなりません。誰かほかの記者にリークされてしまいますからね」。

マゼッティはCIAを「巨大な公立高校」にたとえた。「無数の党派や派閥や計略があって、誰かと話をするにも相手がどの派閥の人間で、誰にどんな恨みを持っているかを見極めるのは難しいわけです。だから（あらゆることを）慎重に扱わねばならないのです」とマゼッティは言った。そして取材している話題の背後にある事実関係について、記者がせいぜい二〇パーセントも探り出せれば上出来ではないかと、推測した。「ジャーナリストにとっては不利な状況ですが、秘密裏に行われていることを世間に知らせるのが私たちの仕事だとすれば、二〇パーセントでも決定的に重要なのです」。

密かに行われていることを探り出すことは、もちろん国家安全保障問題を取材する記者なら誰でも第一の使命だ。だがそうした秘密にアクセスするために、スクープに飢えたワシントンの報道陣は政府の情報機関に対して常時服従し、頭を下げる関係にならざるを得ない。当局筋の機嫌を損ねるような記者は痛い目に遭うことになるのだ。なぜならすぐにのけ者にされていることに気づかされ、この分野を担当するジャーナリストたちにとって日々の糧とも言うべき、リークされる機密情報の分け前にもあずかれなくなるからだ。

要するにこういうことだ――今やＣＩＡはかつてのように報道機関の記者を雇い上げ、報酬を支払ってやる必要はない。そうする代わりに、ＣＩＡは単に選り抜きのエリート記者のグループとの間に、精緻に織り上げられた種々の関係を保つだけでいい。その記者たちは職業人として生き抜いていくために、公安国家にまったく依存しているのである。

一年以上「塩漬け」にされたCIAの盗聴計画を暴いた記事

そんなエリート記者の一人が『ニューヨーク・タイムズ』紙のジェームズ・ライゼンだ。彼は時として庇護者の手に嚙みつくこともある数少ない記者でもある。ライゼンは『ニューヨーク・タイムズ』紙の同僚のエリック・リクトブラウと共に、九・一一以降の国家安全保障問題に関するもっとも重要な暴露記事を書いた。それはアメリカの一般市民を対象とした捜査令状なしの盗聴作戦、「ステラー・ウィンド」の存在を明るみに出すものだった。この活動はジョージ・W・ブッシュ大統領が承認し、議会が同意はおろか認識もしていないまま、国家安全保障局（NSA）が実施しているものだった。[*8]だがアグレッシブな取材活動だけでは国家安全保障分野の報道には不十分だ。勇敢な記者に劣らず、勇敢な編集者も必要なのである。不幸なことに、ライゼンとリクトブラウの上司には、『ニューヨーク・タイムズ』紙ワシントン支局長のフィリップ・トウブマンに加え、編集主幹のハウエル・レインズとビル・ケラーもいた――ジュディス・ミラー記者が失態を演じたあのイラクの大量破壊兵器をめぐる報道を指揮したトップ編集者二人だ。

「ステラー・ウィンド」に関するスクープは二〇〇四年の大統領選挙の直前に掲載されるはずだった。だがブッシュ大統領の国家安全保障問題担当補佐官のコンドリーザ・ライスと、NSA長官のマイケル・ヘイデンから強い圧力がかかった。ヘイデンは異例にもメリーランド州フォート・ミードにあるNSA本部へトウブマン支局長を呼びつけた。この結果、『ニューヨーク・タイムズ』紙の編集長たちは「ステラー・ウィンド」のスクープを一年以上もお蔵入りとした。ブッシュ大統領の部下たちのロビー活動が功を奏したのだ。トウブマンはのちにこう回想している――「当時、私たちがあの記事を掲載したら、文字どおりアメリカ人の生命を危険にさらすことになるかもしれないと、政府はビルと私を説得しました……ブッシュ政権による違法行為の疑惑は濃厚になりつつありましたが、コンドリーザ・ライスとヘイデンと会ったのち、テロ防止にとって死活的に重要なのだということに私たちは納得したのです」。

最近出版された回想録の中で、ヘイデン元NSA長官は従順なトウブマンを「責任感があり」「バランスが取れている」と賞賛した。『ニューヨーク・タイムズ』紙のこの本に対する書評の中で、国家安全保障分野を専門とするマーク・ボウデン記者は、トウブマンはこの賛辞の汚名を「一生すすぐことができないかもしれない」と皮肉たっぷりに述べている。

最終的に、『ニューヨーク・タイムズ』紙は二〇〇五年一二月になってようやくスクープ記事を掲載した。それもライゼンが勤める『ニューヨーク・タイムズ』紙を出し抜いて、翌月に出版が予定されていた自著『戦争大統領――CIAとブッシュ政権の秘密』(原題 *State of War: The Secret History of the CIA and the Bush Administration*)の中で「ステラー・ウィンド」のことをすっぱ抜くぞと脅した結果、やっと実現したのだった。「彼らは激怒していましたよ。私のことを反抗的だと言うのです。実際そうだったんですがね」と、ライゼンはのちに『ヴァニティ・フェア』誌の取材に応えて言った。

ブッシュ政権はあくまでも記事をボツにさせようと『ニューヨーク・タイムズ』紙を脅し続けた。ブッシュ大統領が直々にトウブマン支局長とケラー編集長、それに発行人のアーサー・オークス・ザルツバーガー・ジュニア代表をホワイトハウスの大統領執務室へ呼びつけ、もう一度だけ危機感を煽ろうとしたのだ。「ステラー・ウィンド」のスクープが報じられれば再び九・一一のようなテロ攻撃が起きるかもしれないぞと、ブッシュは警告した。だが今回は『ニューヨーク・タイムズ』紙も折れることを拒み、記事は掲載された。そしてマーク・ボウデン記者が指摘したように、もちろん「天が崩れ落ちてくるような事件は起きなかった」。

アメリカの報道機関はなぜ「裏操作」されるのか

結局のところ、ニュースの「裏操作《スプーク》」が行われるのは、報道機関が容認するからなのである。独立した報道に対する最大の障害はCIAでもNSAでもなく、政府の公的方針に従おうとする大手報道機関の根強い意志なのだ。

著名な言語学者で剛腕批評家でもあるノーム・チョムスキーは「往々にして政府の方針

と企業の事情に従おうとするメディアの傾向こそ、CIAに関するどんなことよりも根深いものがあると私は考えている」と主張している。

「昨今では、CIAはジャーナリストを手なずける必要なんて本当にないんです」と、急進的《ラジカル》な学者で『アメリカン・ディープ・ステート』の著者、ピーター・デイル・スコットも同意する。「ジャーナリストたちは出世できるように、そして政府の内部関係者と良好な関係を保てるように、みずから進んで協調するのです。彼らはどれだけ進んで政府の嘘を受け入れるかに応じて出世していくのです」。スコットは何十年も昔、一時期カナダの外務省で官僚をしていたときに同じ現象を経験した。「方針に合わせるか、自分で考えるかの二つに一つです。システムの中心には上昇気流が流れていて、それは職員を買収しているも同然なんです。政府の嘘を進んで受け入れる意欲に応じて出世していく。ゲイリー・ウェッブ（記者）は嘘に挑み、そして死んでしまったのです」。

ゲイリー・ウェッブはキャリアの大部分を通じて、報道の自由の熱烈な信奉者であり続けた。ジャーナリズムの学校で教えられるとおりにだ。だがCIA寄りのメディアの番人たちの手で痛めつけられ、愛する職業を追われたのちに、ウェッブは自身の悲しい体験はすべての調査報道記者に対する重大な警告だと考えるようになった。生前、ウェッブはこう回想していた――「私はいくつも賞を受賞し、昇給を勝ち得て、大学で講義をし、テレビに出演し、ジャーナリズム・コンテストの審査員を務めたりしていました。そんなときに何本かの記事を書き、自分の幸福感がいかに悲しくも見当違いのものだったかを思い知らされたのです。こんなに長く仕事が極めて順調だったのは、自分が慎重で、勤勉で、仕事の能力があるからだと、私は考えていました……。でも真の理由は、これだけの長い年月の間に、私は（当局から）弾圧されるような重大なことを何も書いてこなかったということでした*9」。

アメリカの代表的な大手報道機関は、違法行為に手を染めている政府機関をこれまでも繰り返し擁護してきた。そうした違法行為は、アメリカ社会でもっとも根強く尊重されている民主主義的価値観を損なうものだ。公安国家の利害と、確固として独立性の高い報道の利害とは、これまでも、そしてこれからも、常に真っ向から衝突するものだ。言うまでもなく、このような対立構造でとらえる考え方こそが、報道の自由の根本的な原理である。しかし本書で解き明かしてきたように、それは現実であるよりも、むしろ神話と言うべきだ。わが国を代表する報道機関はみな、本来ならば説明責任を追及すべき強大な情報機関に魂を売り渡してしまっている。こうした謎の多い情報機関が権力をほとんどほしいままにしている限り、秘密主義こそが諸機関の最強の武器であり続けるだろう。ニュースの裏操作は続くだろうし、それに対する戦いでは――かつてないほど力は不均衡で危機的であるが――一本一本の記事こそがまさに勝負となるだろう。

謝辞

本書は担当編集者のデイヴィッド・タルボットの妙案からスタートした。そして私の情報源となってくれた人たちの寛大な協力なしには実現できなかっただろう――国家安全保障問題の取材記者たち、情報機関の元職員たち、研究者や史料調査員たち。ロバート・ベア、ブライアン・ベンダー、ノーム・チョムスキー、アダム・ゴールドマン、ジョン・キリアコウ、ピーター・コーンブラー、ジェイソン・レオポルド、マーク・マゼッティ、ボブ・パリー、ジェームズ・ライゼン、ピーター・デイル・スコット、フランク・スネップ、ジェフ・スタインには特に謝意を表したい。本書の草稿に目を通してくれたメアリー・アレグザンダーとノーマン・スカウに、そして本書執筆中も私を解雇しなかった『オレンジ・カウンティ・ウィークリー』紙のグスタヴォ・アレラノ編集長にも大きな恩義を感じている。いつもどおり、妻クローディアと息子のヘンリー・スカウには、精神的な支えと忍耐とに愛と感謝を贈る。

二〇一六年三月　ニコラス・スカウ

訳者あとがき

本書の訳出中、テレビのニュースや新聞を連日にぎわしていたのが国会で論争の的となっていた、いわゆる「森・加計問題」だった。大枠としては、政府機関や政治家が特定の民間組織を不当に優遇したのかどうか、そしてその手続きや記録の隠蔽《いんぺい》・改竄《かいざん》があったのかどうか、といった点が論争の的になったわけだが、折しもやはり国会・報道をにぎわせていた防衛省における自衛隊の海外派遣時の日誌の有無という問題とも併せ、公的記録と情報の適正な保存・公開という民主主義国家を支える極めて重要なテーマもこれらの問題の根幹にある。この間印象的だったのが、新聞・テレビ各社が疑惑解明に積極的な取材を進め、報道をきっかけに国会の論争が展開するという場面がしばしばあったことだ。報道機関の一つの重要な社会的機能として、公正な立場を守りつつ、権力の不正・濫用やその疑いをチェックして報じる役割が挙げられるが、本書を訳出しながら横目で「森・加計問題」の報道を見つつ、改めて考えさせられたテーマである。

本書『驚くべきＣＩＡの世論操作』（原題 *Spooked: How the CIA Manipulates the Media and Hoodwinks Hollywood*）は、アメリカ中央情報局（ＣＩＡ）が長年にわたり、偽情報や自分たちに都合のいい情報をリークしたり、脅しや説得、優遇や冷遇と、種々の手を使って報道メディアや映画界を操ってきた、いわば「黒い歴史」を描いている。そして報道メディアやハリウッドの側でも、情報や優遇措置を引き出すためにＣＩＡと親密な関係を築いてきたことを詳述し、批判している。もっとも、国家の情報機関や政府が報道メディアに対して何らかの影響力を行使しようとすることは、あってはならないことではあるが、「やっているとしても驚かない」と感じる人も少なくないだろう。だが実際にどのようなケースで、どのようにそれが行われるのか。本書はＣＩＡの元職員や、ＣＩＡの所業や嘘を暴こうとしてきたジャーナリストなど、多くの当事者・関係者への取材を通じて「ＣＩＡの世論操作」の実態を極めて具体的に描いている点が貴重であるし、読み物としておもしろい。さらに、翻って日本における政治権力と報道メディアの関係を今一度振り返って考えてみるきっかけにもなるのではないだろうか。

著者ニコラス・スカウ氏はアメリカ・カリフォルニア州の週刊新聞『オレンジ・カウン